U0342757

高铬铸铁轧辊的组织控制及制造技术

Microstructure Control and Manufacturing Technology of High Chromium Cast Iron Roll

赖建平　余家欣　著

北　京
冶　金　工　业　出　版　社
2023

内容提要

高铬铸铁是传统的铁基耐磨材料，被广泛应用于冶金、电力、建材等工业领域。本书系统地阐述了高铬铸铁的发展历程、成分设计原则及组织特点，结合作者多年来在高铬铸铁轧辊制造过程中的科研经历和工程实践，介绍了高铬铸铁的合金化机理及其在热处理过程中的组织演变规律。重点介绍了高铬铸铁离心复合轧辊的制造技术，尤其是离心复合铸造技术、冶金铸造缺陷，以及改进型高铬铸铁轧辊在棒线材轧机上的应用。

本书可供从事耐磨材料研究和轧辊生产工作的科研人员、工程技术人员参考。

图书在版编目(CIP)数据

高铬铸铁轧辊的组织控制及制造技术/赖建平，余家欣著．—北京：冶金工业出版社，2023.8

ISBN 978-7-5024-9606-7

Ⅰ.①高…　Ⅱ.①赖…　②余…　Ⅲ.①铬合金—高合金铸铁—铸铁轧辊—研究　Ⅳ.①TG333.17

中国国家版本馆 CIP 数据核字(2023)第 155105 号

高铬铸铁轧辊的组织控制及制造技术

出版发行　冶金工业出版社　**电　话**　(010)64027926
地　址　北京市东城区嵩祝院北巷 39 号　**邮　编**　100009
网　址　www.mip1953.com　**电子信箱**　service@mip1953.com

责任编辑　李培禄　卢　蕊　美术编辑　吕欣童　版式设计　郑小利
责任校对　梁江凤　责任印制　禹　蕊

三河市双峰印刷装订有限公司印刷
2023 年 8 月第 1 版，2023 年 8 月第 1 次印刷
710mm×1000mm　1/16；10.5 印张；202 千字；157 页
定价 58.00 元

投稿电话　**(010)64027932**　**投稿信箱**　**tougao@cnmip.com.cn**
营销中心电话　**(010)64044283**
冶金工业出版社天猫旗舰店　**yjgycbs.tmall.com**
(本书如有印装质量问题，本社营销中心负责退换)

前　言

我国是一个钢铁生产大国，粗钢产量自 1996 年超过 1 亿吨以后持续增长，2022 年达到 10.13 亿吨，继续世界排名第一，远超排名第二的印度（产量为 1.25 亿吨）。经估算，中国粗钢产量占全球粗钢产量的 55.9%。轧辊作为轧钢行业的主要消耗件，其成本占轧钢成本的 10%~15%，其性能直接关系到钢材质量和轧钢效率。随着国家提出碳达峰、碳中和的“双碳”战略目标，对于轧钢工业的节能减排和环保提出更加严格的要求，为此揭示工业化制造条件下轧辊组织的控制机理，实现材料与制造工艺技术的集成创新，这对于满足新时代轧钢工业的要求具有重要的意义。

自改革开放以来，轧钢业经历了 40 余年的设备改造和技术创新，轧辊的材质经历了从普通白口铸铁、镍硬铸铁、合金半钢、高铬铸钢、高镍铬无限冷硬铸铁、高铬铸铁到高速钢材质的发展阶段。虽然高铬铸铁轧辊的耐磨性不及高速钢，但其凭借低偏析和低成本的优势，目前依然是各种轧线精轧机组的主要轧辊材质。目前国内外在高铬铸铁轧辊的成分设计、制造工艺及组织与性能的关联关系方面已取得了一定的研究进展，但是针对工业制造条件下高铬铸铁轧辊的组织控制及其工艺与性能的关系还缺乏系统性的研究。

作者具有多年轧辊制造企业的工作经验，对半钢、高铬钢、镍铬钼无限冷硬铸铁、高铬铸铁及高速钢等材质轧辊的设计与制造具有较为丰富的工程实践经验，博士期间重点研究了高铬铸铁轧辊的合金化机理及热处理过程中的组织演变规律，以第一作者/通讯作者在 *Applied Surface Science*、*Wear*、*ISIJ International* 等国内外期刊发表论文 10 余篇，获得授权发明专利3项。作者以多年轧辊工业化制造的实践经验为基础，结合博士期间的理论研究成果，撰写了《高铬铸铁轧辊的组织控制及制造技术》一书。

全书共8章。第1章介绍了轧辊材料的种类及其制备方法，第2章介绍了轧辊用高铬铸铁的成分、组织与性能特点，第3章讨论了高铬铸铁的组织控制策略，第4章阐述了合金化对高铬铸铁组织和性能的影响，第5章阐述了脱稳热处理对高铬铸铁组织和性能的影响，第6章阐述了高铬铸铁复合轧辊的制造技术，第7章阐述了复合轧辊的冶金铸造缺陷及其失效分析，第8章讨论了高铬铸铁复合轧辊在螺纹钢棒材生产中的应用。本书内容力求贴近轧辊产业化制造中的实际生产，可为轧辊企业人员提供一定的参考。

作者特别感谢中南大学潘清林教授对作者博士期间工作给予的无私帮助，感谢撰写过程中张安、骆晓雨、王波友良等同学的协助，书中参考了曾经工作期间积累的实践经验，在此对当年的同事提供的帮助表示感谢！

由于作者的经验和水平有限，书中必定存在不少疏漏与不当之处，诚望各位专家及广大读者批评指正。

作　者

2023年5月

目　录

1 轧辊材料的种类及其制备方法

1.1 引　言

我国是一个钢铁生产大国，粗钢产量自1996年超过1亿吨以后持续增加，2022年达到10.13亿吨，占全球粗钢产量的55.9%，一直保持世界排名第一，如图1-1所示。轧辊是轧钢和有色金属轧制的一种重要的易耗耐磨件，也是决定轧机效率和轧材质量的主要耐磨件之一。其力学性能和耐磨性直接影响轧钢效率，轧辊消耗成本占轧钢生产总成本的5%~15%[1]，因此轧辊在冶金轧钢行业中占有重要的地位。

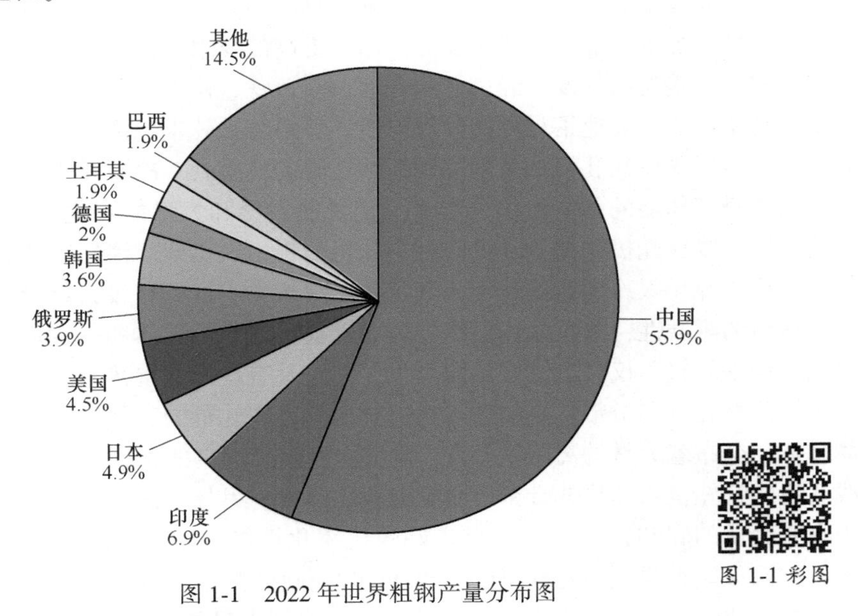

图1-1　2022年世界粗钢产量分布图

热轧辊的工况条件十分恶劣，轧辊在运行过程中需要与900℃左右钢坯之间进行热接触，辊面温度高达500℃[2-4]，在轧辊运行过程中需要不断地进行冷却，轧辊经受激冷激热的循环热应力的同时也需要承受来自轧机和钢坯的机械轧制应力，使得对轧辊的耐磨性和抗热裂能力要求更高[5-6]。工作负荷比较大的轧机常采用复合轧辊[7]，这类轧机对轧辊工作层和辊芯的使用性能要求有较大的不同，既要满足辊身表面有较高的硬度，又要符合辊芯对材料高强度和高韧性的性能要求。复合轧辊的内外层材料充分利用各自的性能优势，从而提升了轧辊的使用性能[8-9]。热轧辊材质也在不断发展，从20世纪初的无限冷硬铸铁轧辊，到20世纪中期的合金半钢轧辊、高铬铸钢轧辊，再到后来的高铬铸铁轧辊，再到21世纪发展起来的高速钢轧辊，材质发展的规律是轧辊组织中碳化物的硬度越来越高，轧辊的耐磨性也越来越好。表1-1是不同材质轧辊常见碳化物的形貌和硬度。

表1-1 不同轧辊材质的碳化物形貌及硬度

轧辊材质	碳化物类型	组织形貌	硬度（HV）
无限冷硬铸铁	M_3C	网状	1200~1400
合金半钢	M_3C	条状、花瓣状	1200~1400
高铬铸铁	M_7C_3	菊花状	1600~1800
高速钢	MC	粒状、条状	2000~2400

目前，轧辊研制与使用的总趋势是瞄准具有高附加值的轧辊，对轧辊的耐磨性、强韧性、加工性能和抗热裂能力提出了更高的要求。作为冶金轧钢行业的主要耐磨件，轧辊材质的发展经历了从普通白口铸铁、镍硬铸铁、合金半钢、高铬铸钢、高铬铸铁、高速钢材质的发展阶段。普通铸铁轧辊包括无限冷硬铸铁轧辊和中低合金球墨铸铁轧辊。无限冷硬铸铁轧辊的材质处在冷硬铸铁和灰口铸铁之间，其辊身工作层的基体组织分布着一定量的石墨和大量的碳化物，导热性好，主要应用于线材轧机、棒材轧机及型钢轧机的粗中轧机架。镍硬铸铁轧辊主要是指中镍或高镍无限冷硬铸铁轧辊，其工作层组织中不仅具有较大数量的碳化物以保证材料的耐磨性，并且基体组织上分布着贝氏体、马氏体和一定量的石墨，所以镍硬铸铁轧辊不仅具有良好的耐磨性，并且具有良好的抗热裂性能，被广泛应用于棒线材轧机和板带轧机的精轧机组。高铬铸铁轧辊的工作层组织为回火马氏体基体，分布着大量的高硬度 M_7C_3 碳化物，具有优良的耐磨性，被广泛用于棒线轧机的精轧机组和热轧带钢的精轧前段工作辊。另外，高铬铸铁轧辊由于基体中含有大量的碳和铬元素，具有良好的抗氧化性能，能够适应高负荷的轧制工况，抗回火能力强，当轧辊温度达400℃时，硬度基本没有下降。高铬铸铁材质轧辊的淬透性很好，空冷或风冷条件下便可得到大量的马氏体组织[10]，工作层的硬度梯度分布均匀、落差小，使用过程不需要淬硬修复。高速钢轧辊的基体组织特征是回火马氏体上分布有大量的高硬度 MC、M_2C 和 M_7C_3 等多种碳化物。其中基体中富含大量的铬、钼和钒元素，因此具有很高的抗回火稳定性和红硬性，耐磨性优异，被广泛用于带钢和棒线材轧机的成品机架。整个轧辊材质的发展演变过程基本是从提高碳化物的数量和硬度出发，沿着 M_3C(900~1200HV)→

M_7C_3(1600~1800HV)→MC(2000~2600HV) 的方向发展，其碳化物的显微硬度越来越高，耐磨性也越来越好。普通白口铸铁和镍硬铸铁，由于 M_3C 碳化物通常呈网状分布，对基体的割裂较大，因此其材质的韧性也较低。而高铬铸铁材质中的碳化物以 M_7C_3 为主，呈菊花状孤立分布，对基体的割裂较小，韧性较好，并且碳化物含量高（25%~35%），兼有较好的耐磨性和韧性。高速钢材质的 MC 碳化物呈粒状、杆状分布，并且基体中富集有大量的钼、镍、钨和钒元素，所以这种材料具有很好的强韧性和耐磨性。

1.2 轧辊材料的种类

1.2.1 无限冷硬铸铁轧辊

无限冷硬铸铁是一种被广泛应用的轧辊材料，其成分和性能处于灰口铸铁和白口铸铁之间。因为其硅含量（质量分数）较高（0.8%~2.0%），相对于白口铸铁组织中大量的碳化物和莱氏体，无限冷硬铸铁组织中存在有大量的絮状、粒状的石墨。大量的碳化物为轧辊提供了良好的耐磨性，而组织中分布的石墨具有良好的导热和润滑作用，在轧辊运行过程中遭受热冲击时，可以起到缓冲热应力的作用，防止轧辊因为热应力而导致的辊身热裂纹，减少轧辊出现工作层掉块或剥离等非正常失效行为。石墨的润滑作用可以降低轧辊的机加工难度，提高轧辊的加工效率[11]。无限冷硬铸铁组织中的碳化物和石墨的含量决定了轧辊的耐磨性和抗热裂纹能力。表 1-2 是无限冷硬铸铁轧辊组织中石墨和碳化物数量与轧辊性能之间的关系。近年来，为了进一步提高无限冷硬铸铁轧辊的耐磨性，利用一些强碳化物元素钒、铌和钛来获得一些高硬度 MC 型碳化物，在保证抗热疲劳能力的条件下进一步提高轧辊的耐磨性[12-13]。

表 1-2 石墨和碳化物数量与轧辊性能之间的关系

轧辊类型	石墨数量（体积分数）/%	碳化物数量（体积分数）/%
抗热裂纹型	3.5~5.0	28~32
耐热裂和磨损型	2.5~4.0	30~35
耐磨损型	1.0~3.0	32~45

1.2.2 合金半钢轧辊

合金半钢轧辊的出现是为了解决无限冷硬铸铁轧辊在热轧带钢轧线导致板带上出现的“斑带”质量问题。合金半钢轧辊的成分处于铸钢和铸铁之间，因此具有兼顾铸钢的强韧性和铸铁的耐磨性的特点。合金半钢轧辊称为“Adamite”轧辊[34]，其碳含量在 1.4%~2.2%之间，并添加适量的 Cr、Mo、Ni 等合金元素[14]。经过正火、淬火、回火处理后既具有铸铁轧辊的高耐磨性又具有铸钢轧辊的高强韧性，因此具有铸钢和铸铁两种材质的优点，具体的成分可参照《铸钢轧辊》(GB/T 1503—2008)[15]。合金半钢轧辊的优势是具有工作层断面硬度落差小、抗热裂纹能力强的特点，适用于深大孔型的轧制条件，被广泛用于恶劣工况的粗轧机架和型钢生产轧线。但是由于合金半钢轧辊的硬度相对于铸铁轧辊还是偏低，碳化物的含量也较少，一般不用于精轧机组及成品机架，随着对半钢轧辊耐磨性的要求越来越高，半钢轧辊的成分特点逐渐向高碳方向发展，以提高其耐磨性能。合金半钢轧辊为了消除铸态组织中的网状碳化物，往往需要经过高温扩散退火、球化退火、淬火和回火等工艺，热处理时间长，工艺比较复杂，热处理成本较高。

1.2.3　高铬铸钢轧辊

高铬铸钢轧辊的成分范围为 C 1.0%~1.8%、Cr 8%~13%，并且含有少量的钼、镍等合金元素。组织为回火马氏体+10%~18%碳化物+少量残余奥氏体。轧辊的硬度在 70~80HSD 范围。20 世纪 80 年代末，法国 Chavanne-Ketin（沙利文-卡丁）公司和德国 Gontermann-Peipers（刚特门-派泼）公司相继成功开发出大型离心复合高铬铸钢轧辊，在热轧带钢的粗轧机架（RW2）成功使用，获得了良好的使用效果。此后高铬铸钢轧辊在欧洲、美国和日本等发达国家和地区得到迅速推广使用。1992 年，中国宝钢集团率先在热轧带钢粗轧工作辊使用 Chavanne-Ketin（沙利文-卡丁）公司的高铬铸钢轧辊，轧辊耐磨性、抗热裂能力均得到大幅提高，提高了轧制效率，减少了磨削量和重磨次数。武钢和鞍钢等大型钢厂粗轧机架（RW2~4）随后推广使用了高铬铸钢轧辊。21 世纪初，中钢邢机公司成功研制了离心复合高铬铸钢粗轧工作辊，2010 年，该公司牵头制定了标准《大型高铬铸钢热轧工作辊技术条件》(JB/T 11022—2010)，将高铬铸钢粗轧工作辊纳入了规范化技术管理。与高铬铸铁轧辊相比，在热轧带钢的粗中轧机架，高铬铸钢轧辊具有以下优点[16]：

（1）高铬铸钢轧辊具有良好的抗热裂能力。高铬铸钢的碳、铬含量比高铬铸铁低，碳化物含量也相对较低，导热系数较高，对轧辊的水冷要求不高，在热轧带钢的粗轧机架，甚至停水 8h 之久，轧辊也未出现明显的热裂纹。

（2）高铬铸钢的耐磨性不是单纯地依靠碳化物的含量，主要是依靠基体组织的特性。基体组织中富铬，轧制过程中轧辊表面容易形成一层致密的氧化膜而不易破碎和脱落，并且基体为回火马氏体，硬度高，与碳化物之间的硬度落差小，减少了因为基体和碳化物硬度差值大造成的“凸点”或表面麻点等现象。

（3）轧辊的碳化物含量较低，使得轧辊的摩擦系数较高，轧钢咬入性能好，解决了高铬铸铁轧辊的打滑问题。

1.2.4 高铬铸铁轧辊

早在1914~1918年，德国和英国就各自对高铬铸铁合金进行了相关的研究，发现铬含量达到12%以上时，这种高合金铸铁在凝固时析出的碳化物不再是网状M_3C型渗碳体，而是孤立状的M_7C_3碳化物，而M_7C_3碳化物的硬度（1600~1800HV）高于M_3C碳化物（900~1300HV），这样不仅提高了材料的耐磨性，而且也提高了韧性，其使用效果比镍硬铸铁更好，被广泛用于制造各种用途的耐磨件。1932年以来，美国成功研制铬含量（质量分数）为12%~15%的高铬铸铁轧辊，被用于热轧型钢轧机和角钢万能轧机的精轧机组，使用效果非常好，耐磨性优势突出[17]。在随后的20世纪60年代中期，英国和德国的轧辊研发人员注意到高铬铸铁轧辊在热轧带钢轧机的精轧前段机组上使用时，具有消除板带上“斑带”和“流星斑”的特性，因此从充分考虑高铬铸铁轧辊的耐磨性和强韧性特点出发，迅速研制出铬含量（质量分数）为12%~22%、碳含量（质量分数）为2.4%~3.0%，用于热轧板带轧机机架的高铬铸铁轧辊[18]。1975年以后，德国又相继开发了用于冷轧轧机的高铬铸铁复合工作辊[19]。日本对高铬铸铁轧辊的研究工作起步较晚，但是他们对高铬铸铁轧辊的推广非常迅速，到1985年左右，在热轧带钢的精轧前段机架已有70%的轧机用高铬铸铁复合轧辊代替了合金半钢复合轧辊。我国邢台冶金机械轧辊厂从德国Gontermann-Peipers（刚特门-派泼）公司引进热轧带钢用轧辊全套制造工艺技术，在1987年左右开始生产板带轧机用的高铬铸铁复合轧辊，已先后在宝钢、武钢等大型钢企的精轧机组轧机上获得良好的使用效果[20]。此后，高铬铸铁轧辊的生产和应用在我国得到了蓬勃的发展，高铬铸铁复合轧辊由于其优异的耐磨性和性价比特点，后续被广泛推广应用到棒线材轧机和型钢万能轧机，获得了良好的使用效果[21]。轧辊用高铬铸铁的成分，根据不同的轧制条件和对轧辊性能不同的要求而有所不同，除加入一定量的镍、铬和钼等合金元素外，碳含量和铬含量的匹配也很重要。碳含量过低时（<2.0%），组织中碳化物的含量少，因此材料的耐磨性较低。碳含量过高时（>3.3%），碳化物含量过高，由于碳化物的韧性基本为零，脆性大，导致轧辊在铸造和热处理过程中容易产生裂纹。因此，选择碳含量为2.3%~3.2%和铬含量为12%~22%范围的高铬铸铁较为合理。近年来，高铬铸铁材质的改进方法是在常规高铬铸铁的基础上，通过加入强碳化物形成元素（钛、铌和钨），在组织中形成一定量高硬度的MC型碳化物，以提高材料的耐磨性和强韧性，为此开发出碳化物增强型高铬铸铁复合轧辊。奥地利ESW冶金轧辊公司采用碳化物增强工艺，生产的热轧精轧前段F2机架用ϕ750mm×1800mm碳化物增强型高铬铸铁复合工作辊，与常规高铬铸铁轧辊相比耐磨性提高15%以上。21世纪初，中国几家大型轧辊公司已相继开发出不同成分的碳化物增强型高铬铸铁轧辊。其中鞍钢等企业的“改进型高铬铸铁轧辊及其生产方法”申请了国家发明专利[22]。

1.2.5　高速钢轧辊

最初的高速钢是用于刀具材料，如钻头、铣刀等。文献报道[23]，Mushet 在 1861 年首次制备了 2.15C-1.04Si-0.58Mn-0.4Cr-5.44W 成分的钢，这种钢在空气中空冷即能淬火，因此称之为“自硬钢”。19 世纪末，随着美国的钢铁产量大幅度增长，对加工钢铁材料的刀具提出了更高的性能要求。美国机械工程师 F. W. Taylor 和 M. White 经过广泛而系统的切削试验后，确定了 C 0.75%、W 18%、Cr 4.0%、V 1.0%的最佳切削用钢 $W_{18}Cr_4V$ 新钢种，材料的红硬性大幅增加，称为高速切削工具钢，简称高速钢。轧辊用高速钢与之前的工具高速钢成分区别很大，刀具用的工具高速钢的碳含量在 0.5%~0.9%之间，而轧辊用的高速钢为了获得大量的碳化物来保证耐磨性，碳含量通常控制在 1.5%~2.5%之间，并且大幅度提高钒含量来形成大量的 MC 型高硬度碳化物，大大提高了材料的耐磨性，并同时减少成分中的钨含量，因为钨元素的密度大于钢水的密度，容易引起轧辊工作层的组织偏析，影响轧辊的使用性能[24]。高速钢轧辊的耐磨性较原来的高铬铸铁、合金半钢和无限冷硬铸铁轧辊的耐磨性大幅度提高，但是高速钢轧辊发展以来，在棒线材轧机上的推广速度低于预期，主要原因有以下 3 个：

（1）离心复合高速钢轧辊存在组织偏析。由于高速钢组织中的主要碳化物为碳化钒，而碳化钒的密度为 6.7g/cm³，小于钢水的密度 7.8g/cm³。因此在离心铸造工艺过程中容易发生组织偏析，轧辊的工作层从外到内，发现碳化钒在外侧含量少，在内侧含量多，如图 1-2 所示。这种偏析大大影响了轧辊的使用性能，实际使用过程中过钢量呈现梯度现象。目前解决碳化钒偏析的措施主要有两种方案：首先是通过调控 MC 碳化物中钒、钼和铌元素的相对比例，使其碳化物的密度尽量接近于钢水的密度。高速钢中的碳化物主要是 MC 碳化物，M 代表 V、Mo 和 Nb，不是完全意义上的 VC 碳化物，由于 Mo 和 Nb 的密度大于钢水的

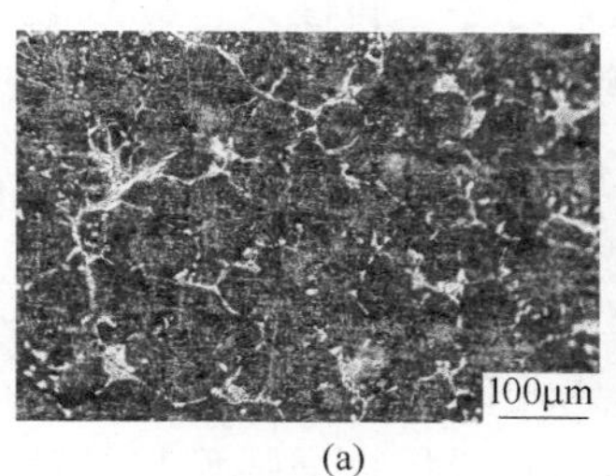

(a)

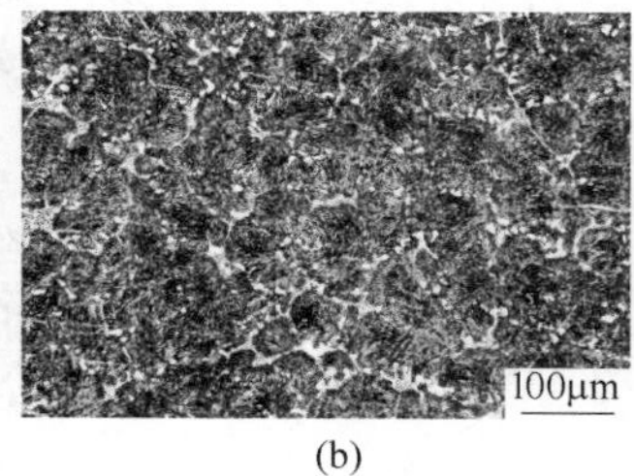

(b)

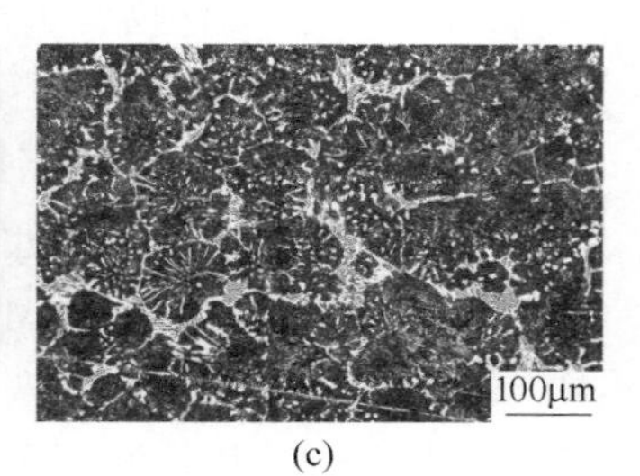

(c)

图 1-2　高速钢轧辊梯度金相组织

（a）辊面；（b）距离辊面 2cm 位置；（c）距离辊面 5cm 位置

密度，因此可以添加 Mo 和 Nb 来调控 MC 碳化物中的 V、Mo 和 Nb 的比例，使得 MC 碳化物的密度尽量与钢水一致，但是 MC 碳化物是随着共晶反应逐渐形成的，不同反应时段的 MC 碳化物中 V、Mo 和 Nb 的具体成分组成比例都存在差异，往往是先形成的 MC 碳化物的钒含量高于后形成的 MC 碳化物，因此通过 Mo 和 Nb 合金化只能减少偏析的程度，很难从根本上解决。其次，通过降低钢水的浇铸温度、减少熔体的液相反应时间，可以在一定程度上降低偏析程度。

（2）高速钢轧辊的性价比低。高速钢轧辊的成分含有大量的钼、钒、钨和铌。这些都是贵重合金元素，参考近年来的合金价格，钼铁为 10 万元/t，铌铁和钨铁都是 20 万元/t，钒铁有时甚至高达 30 万元/t。高速钢轧辊制造的成本高，与高铬铸铁材质相比，性价比优势不明显，具体配料方案和成本分析如表 1-3 所示。参照铸铁轧辊国家标准 GB/T 1504—91[25] 和铸钢轧辊国家标准 GB/T 1503—2008[26] 的牌号来计算高铬铸铁轧辊、高镍铬钼铸铁轧辊和高速钢轧辊的材料成本，成分按中间值计算，如表 1-4 所示。

表 1-3 高铬铸铁、高镍铬钼、高速钢原材料配比和价格

原材料	配比/kg			价格/元
	高铬铸铁	高镍铬钼	高速钢	
生铁	—	720	260	3200
废钢	650	200	390	3200
高碳铬铁	320	30	100	8000
镍板	10	40	8	100000
钼铁	20	10	70	100000
钒铁	—	—	80	300000
钨铁	—	—	30	200000

表 1-4 不同材质的化学成分（质量分数） （%）

材质	C	Si	Mn	Cr	Ni	Mo	V	W
高铬铸铁	2.8	0.9	0.9	18	1.0	1.2	—	—
高镍铬钼	3.3	0.9	0.9	1.2	4.0	0.5	—	—
高速钢	1.9	0.9	0.9	5.5	0.7	5.0	4.5	2.0

根据上述配料方案，可计算高铬铸铁、高镍铬钼和高速钢的材料价格分别为 7640 元/t、8184 元/t 和 40680 元/t。从成本分析来看，高铬铸铁轧辊的材料成本最低，其次是高镍铬钼轧辊，而高速钢轧辊的成本最高，主要是其含有大量的贵重合金元素，如钼、钒和钨。表 1-5 是不同轧辊材质的过钢量、材料成本和性价比（以棒材轧线成品机架的 ϕ12mm K1 螺纹钢为例）。以最常用的 380mm×

650mm 规格的棒材轧辊为例，外层的质量，即工作层质量按 350kg 计算，内层球墨铸铁按 650kg 计算，实际价格按 3000 元估算。单支轧辊的材料成本按 0. 35×外层材质成本+0. 65×球墨铸铁成本计算。

表 1-5　不同材质轧辊的过钢量、材料成本和性价比

材质	过钢量/t	材料成本/元	性价比
高铬铸铁	180	4624	1. 6
高镍铬钼	120	4815	1. 0
高速钢	450	16188	1. 1

从表 1-5 可以看出，高铬铸铁的性价比最高。从市场推广和用户使用的角度来讲，性价比才是用户考虑的最关键因素，而高铬铸铁具有最高的性价比，因此目前高铬铸铁轧辊具有很好的市场应用前景。通过成分优化、合金化和热处理工艺研究，进一步改善高铬铸铁的组织和提高轧辊性能具有重要的产业化意义。

（3）高速钢轧辊的加工难度大，效率低。表 1-6 是高铬铸铁、高镍铬钼和高速钢轧辊作为 ϕ12mm 螺纹钢成品辊的加工时间。从加工效率来看，高铬铸铁和高镍铬钼的加工时间差距不大，而高速钢的加工时间几乎是高铬铸铁和高镍铬钼的 2 倍，这大大降低了用户的轧辊加工周转率，对用户的加工装备性能和数量提出了更高的要求，降低了用户使用高速钢轧辊的积极性。从耐磨性角度来讲，高速钢的耐磨性最好，这来源于组织中大量的高硬度 MC 碳化物。一般来讲，材料越耐磨，加工难度就越大。因此，高速钢加工难度最大，对加工设备和刀片的要求较高，特别对棒线材成品机架轧辊的横肋加工极为困难，一旦横肋加工精度不高，对螺纹钢的表面质量和线差影响很大，严重影响了高速钢轧辊的使用寿命，难以真正发挥高速钢的耐磨性，并且轧辊加工效率下降对用户而言面临诸多的矛盾和难题，降低了用户使用高速钢轧辊的积极性。

表 1-6　不同材质轧辊作为 ϕ12mm 螺纹钢成品辊的加工时间　　(h)

材质	铣面	刻槽	总计
高铬铸铁	12	12	24
高镍铬钼	10	10	20
高速钢	16	26	42

综上所述，轧辊具有良好的加工性能有利于轧辊在用户单位的推广，降低了对轧辊加工设备的依赖性，提高了加工周转效率。高铬铸铁材质具有良好的加工性能和性价比优势，研究合金化和热处理工艺对轧辊用高铬铸铁组织和性能的影响，进一步提高合金的强韧性和耐磨性具有重要的产业化意义。

1.3 复合轧辊的制备方法

为了满足越来越高的耐磨性和强韧性等综合性能要求，复合轧辊的研究和应用也吸引了国内外轧辊研究和制造部门更多的注意，而不同的复合工艺对轧辊的结合质量有着重要的影响。常用的复合轧辊制造工艺有：离心复合铸造法、连续浇铸外层成型法、电渣重熔法、热等静压法、喷射成型法等。

1.3.1 离心复合铸造法

离心复合铸造法生产复合轧辊生产工艺是被复合轧辊厂家广泛使用的工艺，该方法在20世纪30年代开始研究，在20世纪60年代初欧洲和日本同时尝试将其应用于工业生产。离心铸造需先将熔炼好的耐磨材料进行熔炼并作为外层先浇到旋转的金属铸型中，当铸型高速旋转时会产生很大的离心力将金属液从中心甩至边缘，使金属液由外向内依次凝固，金属液在离心力作用下的流动有助于树枝状晶的破碎和细化，同时克服晶粒间“隧道”的阻力进行补缩，从而提高外层材料的致密度[27]。在外层金属液凝固后，再将铸型吊起与底部、上部及冒口进行砂型组装，将韧性更好的芯材金属液浇铸到铸型中，实现两种材料的复合，该工艺具有设备简单、工艺成熟、生产效率高、操作方便、成本较低、适于大批量生产的特点，是目前工业化应用最广泛的轧辊复合工艺。但是由于高速钢中合金元素含量较高，尤其是钒元素与铁水的密度差较大，离心铸造过程中易产生偏析等缺陷。因此，很多厂家在使用该工艺生产复合轧辊时都在研究新的方法来解决离心铸造法易产生偏析的问题[28]。为此，国内外均开展了对其工艺的研究和改进工作，通过调整工艺参数及合理设计材料的合金成分，减少W元素的含量，向合金系中添加Nb，使其生成片状的（V,Nb)C型复合碳化物，提高钒系碳化物的密度以降低离心过程中的偏析。

1.3.2 连续浇铸外层成型法

连续浇铸外层（CPC）成型法是由日本的山本厚生在20世纪70年代最先提出的，并由日本的新日铁公司于80年代末研究开发投入生产。该工艺是事先将辊芯固定在抽锭设备的中心，保证辊芯垂直竖立，在辊芯表面涂上一层助熔剂，并用感应线圈进行预热，再将熔化的外材金属液浇铸到辊芯和结晶器的间隙中，感应线圈设置一定的功率加热熔融的金属，使外材金属液和辊芯达到冶金结合，凝固方向为自下向上，通过抽锭设备，将复合好的轧辊不断地从水冷结晶器中抽出，直到复合轧辊浇铸完成。为形成强度较高的冶金结合层，辊芯表面会被少量熔化，为避免污染工作层材质，必须严格控制芯轴的金属熔化量，而抽锭速度与感应线圈加热功率将决定界面熔化量。采用 CPC 工艺制造复合轧辊具有如下特点：

（1）轧辊的外层材质可以选择多种高合金、高硬度的材料，辊芯材质可选用强韧钢系或铸铁材料，内外层材料的结合强度高，可达 540~640MPa。

（2）CPC 工艺凝固顺序为自下至上，避免了缩孔和疏松等铸造缺陷的产生，其外层凝固速度快，组织致密，抗热裂性好。

（3）避免了离心铸造复合轧辊所出现的碳化物偏析和组织、成分不均匀缺点，使碳化物的形态及分布得到改善。

（4）CPC 工艺不但可以制造新轧辊，而且还可以用来修复旧轧辊。CPC 工艺的缺点主要是工艺较复杂，设备投资大，生产难度高，生产成本高，并没有得到很好的发展。但 CPC 工艺可以有效地解决复合过程的偏析问题，且界面结合强度较高，其产品质量能够得到保证，是目前比较先进的复合轧辊制造技术，具有良好的发展前景。

1.3.3 电渣重熔法

电渣重熔法生产复合轧辊的工艺与生产空心钢锭的方法类似，先将辊芯竖直放置在同心水冷铸模的正中央，在辊芯与铸模空隙之间放置由外层材料制成的自耗电极，自耗电极熔化后连续不断地填入辊芯与缝隙的空间内，熔化的金属液在水冷结晶器铸模的冷却作用下凝固。外层材料经过电渣精炼，具有较高的洁净度，使工作层具有较高的致密度，同时控制了夹杂物含量，使其性能达到很高的标准。日本日立公司使用 ESR 法生产的高速钢轧辊，其辊身碳化物以 MC 型和 M_6C 型为主，经 1060℃淬火和 500℃回火后加工成轧辊，在马氏体基体上析出细小的二次碳化物，辊面硬度达到 80～90HSD，具有良好的耐磨性和抗事故能力[29]。

ESR 法的最大缺点是成本较高，需要先将轧辊的工作层材料制成自耗电极，而且该工艺难以制造尺寸较大的轧辊。

1.3.4 热等静压法

热等静压法是生产粉末冶金复合轧辊的一种方法，将辊芯放置在软钢制成的容器中间，在容器和芯棒之间的型腔中填充作为轧辊工作层的高速钢粉末，再抽真空密封，并加热加压，粉末在真空状态下，以及 1000℃以上和 100MPa 以上条件下烧结，将粉末的外层材料烧结在芯棒上成为复合轧辊。用该方法生产的高速钢轧辊优点是碳化物更细小，组织更均匀，而且其综合性能更高。但缺点是生产过程复杂、成本高，且受设备的限制只能生产较小型的轧辊。

1.3.5 喷射成型法

喷射成型法是将辊芯作为接收器，将已熔化的钢水倒入辊芯上方的雾化装置中，金属液在雾化器中被高速气流雾化成为细小颗粒，然后经喷嘴迅速飞向接收器，并在其上沉积成型，金属液的流量和雾化气体的气流流量可以按不同比例调节改变，雾化器喷嘴的数量及喷嘴运动方式也可以选择，金属被雾化以后还可以按需要加入不同的粒子，如碳化钨颗粒、陶瓷颗粒等。用该方法生产复合轧辊的优点是组织细化、轧辊性能较高，缺点是设备复杂、生产成本昂贵、生产效率非常低。日本住友重机械株式会社用喷射成型法生产轧辊的成本是用离心铸造法生产轧辊成本的7倍，使用寿命是离心轧辊的10~15倍，但由于售价高，没有市场需求。

2 轧辊用高铬铸铁的成分、组织与性能特点

2.1 引　　言

高铬铸铁属于耐磨铸铁最具代表性的种类。耐磨铸铁包括普通白口铸铁、镍硬铸铁和高铬铸铁三种。高铬铸铁由于其优良的耐磨性，被广泛应用于各种耐磨领域，如电力工业、矿山、冶金、建材和农业领域，获得了良好的经济效益。高铬铸铁是与镍硬白口铸铁同时发展起来的，早在1917年，一种含铬25%~30%的铁基耐磨合金就申请了美国专利，但是当时对这种合金的铸造工艺缺乏更深的认识，因为合金的铬含量高，在当时应用最广泛的冲天炉冶炼过程中存在诸多的难题，铬在冲天炉的氧化带极容易氧化烧损，使得铬的收得率很低。在当时感应电炉熔炼还未大规模应用的情况下，高铬铸铁的研究和应用受到了一定的限制。直到20世纪60年代，铸造领域开始推广并普及感应熔化炉，为高铬铸铁的制造和研究创造了条件。Abec公司于1960年对高铬铸铁进行了详尽的实验研究，探索了碳、铬、钼和镍等元素在合金中的作用，确认了具有最佳耐磨性的合金成分及其工艺条件。美国的Climax Molybdenum公司进一步深入研究了碳、钼和铬等合金元素对高铬铸铁淬透性和硬化性能的影响，使得厚大铸件高铬铸铁在空冷条件下便能得到高硬度的马氏体组织。美国材料试验学会在研究试验和工业应用的基础上，对铸件的化学成分和热处理工艺进行了优化试验，制定了抗磨铸铁标准（ASTM A532）[30]，进一步推动了高铬铸铁作为耐磨材料而被广泛应用。英国、德国和法国等发达国家都陆续制定了各自国家的相关标准[31-33]。感应熔化炉在20世纪70年代末开始在我国推广使用，由于高铬铸铁已成为公认的优良耐磨材料，其耐磨性和冲击韧性优于其他白口铸铁，耐磨性是耐磨钢的数倍之多，是抗磨材料的主流材料，因此很快获得了大量的研究和推广应用。我国也相继在1999年制定了国家标准《抗磨白口铸铁件》[19]。

与镍硬铸铁相比，高铬铸铁中的碳化物类型从网状的M_3C碳化物转变为孤立的M_7C_3碳化物，碳化物的硬度也从M_3C的900~1100HV提高到M_7C_3的1500~1800HV，其耐磨性和韧性都比镍硬铸铁更好。高铬铸铁通常根据碳、铬含量不同分为亚共晶高铬铸铁和过共晶高铬铸铁。亚共晶高铬铸铁具有较高耐磨性的同时兼顾相对较好的韧性，可应用于承受一定冲击的工况领域，如反击式破碎

机板锤，其应用最为广泛，如我国耐磨材料国家标准中的 $KMTBCr_{15}Mo_3$ 牌号和应用于冶金轧钢行业的铸铁轧辊即属于亚共晶高铬铸铁范畴。与亚共晶高铬铸铁相比，过共晶高铬铸铁的碳、铬含量更高，碳化物的含量更多，因此材料的耐磨性也更好。但是过共晶高铬铸铁中存在大量的粗大初生碳化物，割裂了整个基体组织，导致高铬铸铁的韧性急剧下降，在生产和工况应用过程中容易出现开裂等现象，导致过共晶高铬铸铁的应用还很少。通过合金化、变质处理等手段改善过共晶高铬铸铁组织中初生碳化物的形貌和分布，使初生碳化物的尖端钝化，进而提高合金的韧性，有利于推动过共晶高铬铸铁的应用和发展。

2.2 高铬铸铁的凝固特性

高铬铸铁是指铬含量大于12%的白口铸铁。高铬铸铁中的碳化物主要有 M_3C、M_7C_3 和 $M_{23}C_6$ 三种类型。当高碳低铬时，就容易形成 M_3C 碳化物。当低碳高铬时，就会形成 $M_{23}C_6$ 碳化物。当铬碳比合适，在5~9之间时，就会形成 M_7C_3 碳化物。碳化物的硬度由低到高排序依次为 M_3C、$M_{23}C_6$、M_7C_3。M_7C_3 碳化物的硬度最高，是高铬铸铁组织中最常见的碳化物，并且其形貌主要是六角形或菊花状孤立分布在组织中，对基体的割裂较小，对合金的韧性有利。三种碳化物相比发现，铬碳比和铬含量最高的是 $M_{23}C_6$，其次为 M_7C_3 碳化物，M_3C 碳化物则是铬含量和铬碳比最低的碳化物。表2-1是高铬铸铁的体系分类及其组织特征。图2-1是Fe-C-Cr三元相图的液相面投影图。

表 2-1 高铬铸铁体系分类及其组织特征

合金	组织特征	特点
亚共晶高铬铸铁	初生奥氏体+共晶组织	韧性好，耐磨性较低
共晶高铬铸铁	共晶组织（$\gamma+M_7C_3$）	韧性和耐磨性较均衡
过共晶高铬铸铁	初生 M_7C_3 碳化物+共晶组织	耐磨性好，脆性大

液相面投影图中的A点对应于亚共晶高铬铸铁，B点对应于共晶高铬铸铁，C点对应于过共晶高铬铸铁，其结晶凝固过程分析如下：

（1）A点属于亚共晶高铬铸铁。当温度降至液相线温度以下时，从液相中优先析出的是初生相γ（奥氏体）。随着初生相γ（奥氏体）的不断析出，余下金属液中的碳和铬含量不断升高，由成分点A点向共晶线移动，当到达共晶线时，初生相γ（奥氏体）的析出过程结束，开始发生 $L\rightarrow\gamma+M_7C_3$ 共晶反应，形成 $\gamma+M_7C_3$ 共晶组织。最终组织是初生γ（奥氏体）+$\gamma+M_7C_3$ 共晶组织，金相组织如图2-2所示。

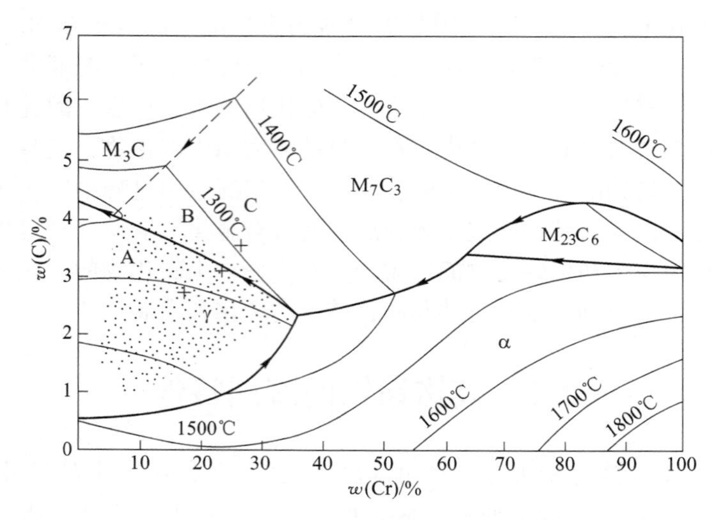

图 2-1　Fe-C-Cr 三元相图的液相面投影图

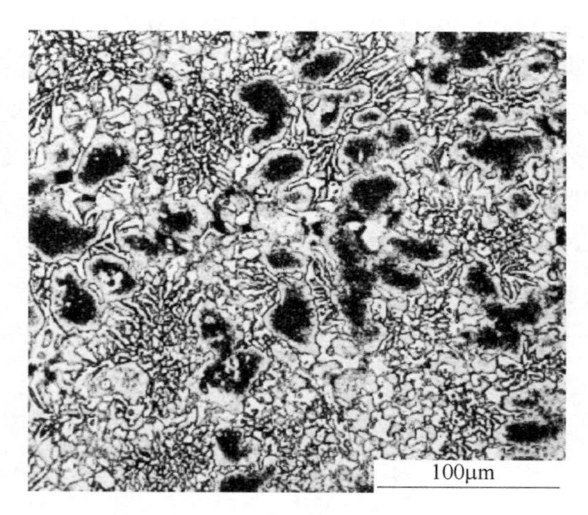

图 2-2　亚共晶高铬铸铁金相组织

（2）B 点属于共晶高铬铸铁。当温度降至液相线温度以下时，液相直接沿共晶线移动，直接发生 $L\rightarrow\gamma+M_7C_3$ 共晶反应，形成 $\gamma+M_7C_3$ 共晶组织。最终组织是 $\gamma+M_7C_3$ 共晶组织，金相组织如图 2-3 所示。

（3）C 点属于过共晶高铬铸铁。当温度降至液相线温度以下时，从液相中优先析出的是初生 M_7C_3 碳化物，随着初生 M_7C_3 碳化物的不断析出，由成分点 C 点向共晶线移动，当到达共晶线时，初生 M_7C_3 碳化物的析出过程结束，开始发生 $L\rightarrow\gamma+M_7C_3$ 共晶反应，形成 $\gamma+M_7C_3$ 共晶组织。最终的组织构成是初生 M_7C_3 碳化物+$\gamma+M_7C_3$ 共晶组织，金相组织如图 2-4 所示。

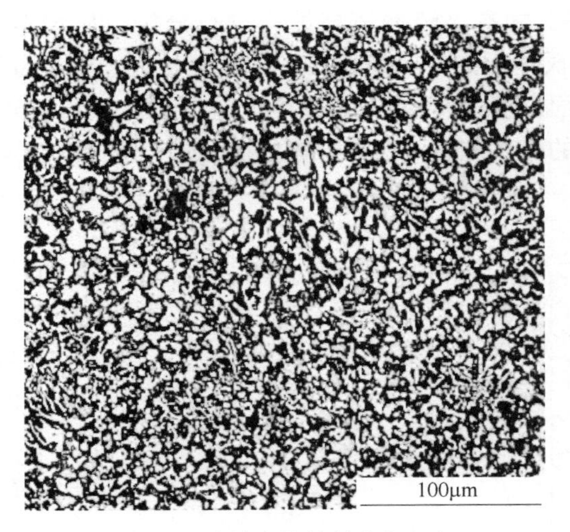

图 2-3 共晶高铬铸铁金相组织

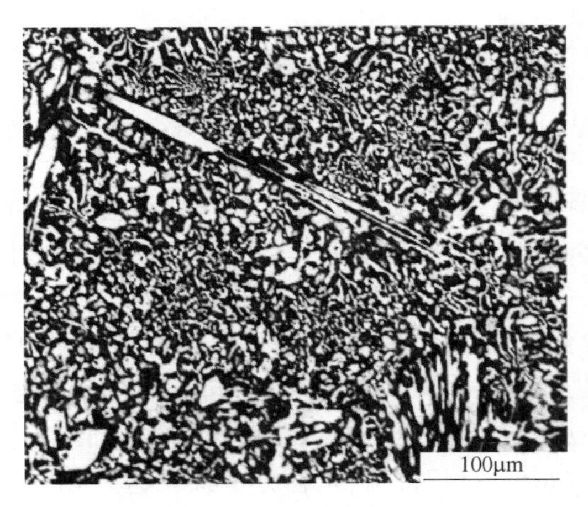

图 2-4 过共晶高铬铸铁金相组织

2.3 高铬铸铁基体中的元素偏析

实际上，高铬铸铁中的元素并不均匀，既有晶间偏析，也有晶内偏析。偏析现象会引起铸件的微观结构及力学性质的变化，严重时会对铸件工作性能造成不利的影响。高铬铸铁在不平衡的凝固过程中，由于碳、铬等元素在奥氏体中的不完全扩散，造成了元素在奥氏体中的不均匀分散，基体成为浓度不均匀的固溶相。对亚共晶高铬铸铁基体组织的研究发现，铸态高铬铸铁中奥氏体枝晶内的偏析现象比较严重。采用扫描电子探针对 $w(\mathrm{C}) = 2\%$、$w(\mathrm{Cr}) = 17.6\%$、$w(\mathrm{Mo}) =$

3%、$w(Mn)=3.73\%$的高铬铸铁铸态试样进行分析，显示碳、铬、硅三种元素在碳化物之间的奥氏体内的分布如图2-5所示。枝晶心部碳、铬的分布线呈下凹形状，这显然是凝固过程中奥氏体晶内偏析所造成的。碳均匀分布区宽度占碳化物之间奥氏体区宽度的75%左右。在靠近碳化物5μm的范围内碳含量急剧降低20%。

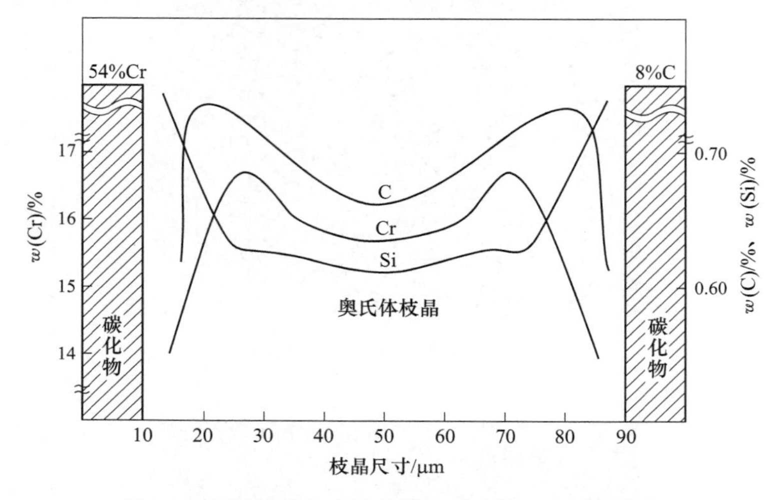

图2-5　高铬铸铁奥氏体基体中碳、铬、硅元素分布

在高铬铸铁的凝固中，所有元素都要在碳化物和基体这两种主要的组成相中进行分配。其中，碳和铬在碳化物和基体之间的分配不仅会对所生成的铸态组织状态产生重要影响，而且也会对热处理后的成品组织和铸件性能产生很大的影响。碳化物的Cr含量及Cr/C比例对其硬度及微观结构有重要影响。铁和铬在M_7C_3型碳化物中是互溶的，即两种原子可以同时存在于碳化物中。高铬铸铁中M_7C_3碳化物中的金属元素主要是铬与铁，其化合物分子式应该是$(Cr,Fe)_7C_3$。当其中铬原子未被铁原子取代时，碳化物分子式表达为Cr_7C_3。因此可以把代表不同碳、铬含量的M_7C_3碳化物分子式写为诸如$(Fe_2,Cr_5)C_3$、$(Fe_3,Cr_4)C_3$等，随着Cr/C的变化，高铬铸铁铬碳比与该铸铁碳化物的分子式对应如表2-2所示。

表2-2　高铬铸铁成分的铬碳比与碳化物对应的分子式

Cr/C	M_7C_3碳化物分子式
3	$(Fe_2,Cr_5)C_3$
4.5	$(Fe_3,Cr_4)C_3$
6.1	$(Fe_4,Cr_3)C_3$
8	$(Fe_5,Cr_2)C_3$
9	Cr_7C_3

2.4 高铬铸铁碳化物形式与特点

在高铬铸铁凝固时，有一部分铬原子与碳元素形成碳化物，高硬度铬系碳化合物是高铬白口铸铁显著的结构特点。任何一种含铬的铬白口铸铁，其结构中都会有这种合金碳化物。含铬白口铸铁的抗磨粒磨损性能，很大程度上是由其中合金碳化物形成的。当出现磨粒磨损时，铬碳化合物能有效地阻止外界磨粒进入铸件表面，并阻止磨屑的生成，起到抗磨粒磨损的效果。所以，人们将铬白口铸铁共晶结构中的合金碳化物称作抗磨骨架相。铬在白口铸铁中以两种主要方式存在：

（1）和碳元素一起形成铬碳化合物。在铬白口铸铁中，有三类主要的铬碳化合物，即 M_7C_3、$M_{23}C_6$ 和 M_3C。每一类都有其独特的化学组成、晶体结构、晶体形态、分布形态、力学性能等。不同碳化物的种类及其含量对铬白口铸铁的组织形态、耐磨性能及力学性能都有很大的影响。

（2）固溶于奥氏体及其转变产物中，改变基体力学性能和硬化性能。铬和铁两种元素都属于过渡族金属元素，两者可以以置换方式进行无限固溶。铬碳化合物中的铬原子可以被铁原子部分取代，即少量铁固溶于铁碳化合物中形成铁碳铬三元化合物，因此以上三种碳化物的分子式又可分别写为 $(Fe,Cr)_{23}C_6$、$(Fe,Cr)_7C_3$、$(Fe,Cr)_3C$。存在于 $(Fe,Cr)_7C_3$ 与 $(Fe,Cr)_{23}C_6$ 碳化物中的铬含量并不是固定的。碳化物中铬含量随铸铁成分铬含量、铬碳比以及铸件冷速变化而有所变化。一般来说，高铬铸铁铬含量和铬碳比越高，则进入碳化物的铬元素越多。先共晶碳化物铬含量在35%~55%之间变化，共晶碳化物铬含量则在40%~55%之间变化。

2.4.1 $(Cr,Fe)_7C_3$ 碳化物

图2-6显示高铬铸铁中 $(Fe,Cr)_7C_3(M_7C_3)$ 共晶碳化物的纵向三维形貌。共晶碳化物呈板条状，多数以集束状态存在，并且存在较多晶体缺陷。这是因为共晶碳化物是在凝固过程中出现的应力场中成簇生长而产生的晶体形态。集束状共晶碳化物横断面呈菊花状（图2-7），集束状共晶体中的板条状碳化物以枝晶间某一位置为起点向外辐射生长，相邻碳化物被共晶奥氏体隔开。每一束中的碳化物均以大致近似的方向生长，导致碳化物增长和增厚。高铬铸铁共晶碳化物形貌与先共晶奥氏体体积分数和分布状态有关。先共晶奥氏体在共晶碳化物中生成时已经充分发育，留给共晶碳化物的生长空间很小，共晶碳化物还可能沿晶界形成。成簇的 $(Fe,Cr)_7C_3$ 共晶碳化物多数是孤立存在的，少数通过某一核心相互交联。各簇之间有一定距离，簇内条片状碳化物之间都被基体金属充满。因此，

与呈网状连续分布的 M_3C 共晶碳化物相比，$(Fe,Cr)_7C_3$ 对韧性较好的基体金属的分割较轻，基体金属连续性破坏较少，有助于抗磨铸铁保持较好的力学性能，特别是冲击韧性。高铬耐磨铸铁中碳化物是以 $(Fe,Cr)_7C_3$ 碳化物为主，该组织的特点是基体的连续性高，能够保持较好的冲击韧性，适用于承受较高冲击负荷的耐磨件。

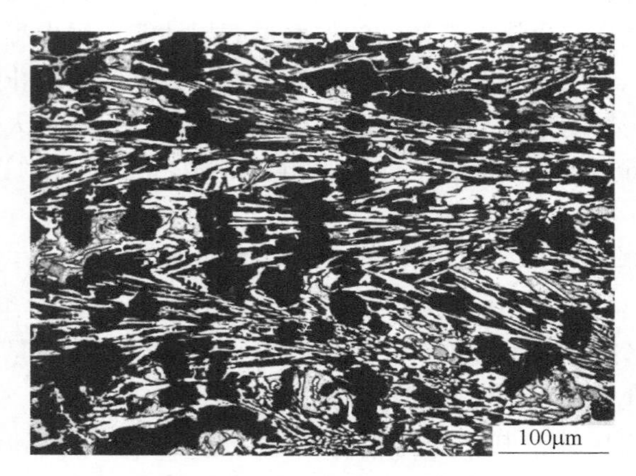

图 2-6　M_7C_3 共晶碳化物杆状的纵向形貌

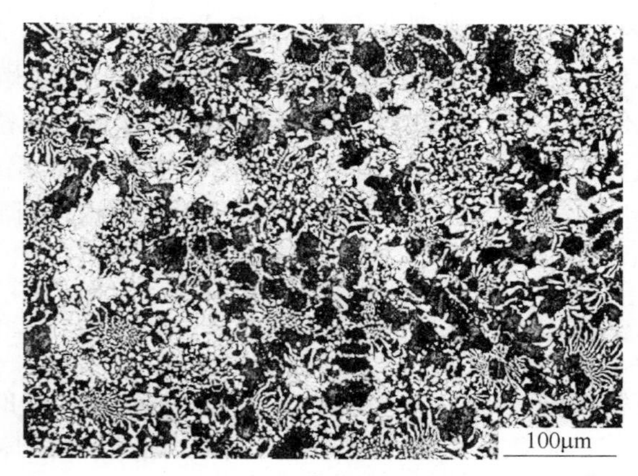

图 2-7　M_7C_3 共晶碳化物菊花状的横断面形貌

$(Fe,Cr)_7C_3$ 为具有六方晶格化合物。它有三个滑移系，容易发生滑移变形。但是铬、铁原子与碳原子结合力很强，能够有力地抑制晶体滑移，这是 $(Fe,Cr)_7C_3$ 硬度很高的基本原因。铁原子与碳原子的结合强度弱于铬原子与碳原子的结合强度。因此，$(Fe,Cr)_7C_3$ 的硬度随化合物中溶入铁原子数量的增加而降低。$(Fe,Cr)_7C_3$ 共晶碳化物的晶体硬度有方向性。试验表明，垂直于晶格 a 轴方向上的硬度为 1450HV，高于垂直于晶格 c 轴方向上的硬度，差别是显著的。

因此如果能从铸造工艺上设法使碳化物晶体的高硬度面存在并平行于摩擦面，将会显著提高白口铸铁抗磨能力。$(Fe,Cr)_7C_3$ 共晶碳化物的化学成分与铸件的铬碳比密切相关。铬碳比越高，共晶碳化物铬含量越高，碳化物中的铁原子越少。

根据经验数据，铬白口铸铁中碳、铬含量与碳化物体积分数的关系式如下：

$$碳化物含量(\%) = 12.33w(C) + 0.56w(Cr) - 15.2\% \quad (2\text{-}1)$$

由此式可以看出，提高碳含量使碳化物体积分数增加的效果比提高铬含量的效果大得多。有了碳化物铬含量数据，结合由铬、碳含量计算出来的碳化物体积分数，就可大致推算出基体铬含量。

2.4.2 $(Fe,Cr)_{23}C_6$ 碳化物

$(Fe,Cr)_{23}C_6(M_{23}C_6)$ 碳化物出现在高铬、低碳的铬白口铸铁中。其硬度达1000~1100HV，总体上低于 M_7C_3 型共晶碳化物。为了拥有良好的抗磨能力，高铬耐磨铸铁一般采用较高的碳含量，故 $M_{23}C_6$ 碳化物很少出现在高铬耐磨铸铁中，反而在高铬耐热铸铁和高铬耐蚀铸铁组织中出现的较多。同样，$M_{23}C_6$ 碳化物也是间隙化合物，其晶格为面心立方晶格。$Cr_{23}C_6$ 晶体点阵系数 $a=1.064$nm，从热力学上看，这种碳化物是较为稳定的。

2.4.3 $(Fe,Cr)_3C$ 碳化物

$(Fe,Cr)_3C(M_3C)$ 是典型的渗碳体型化合物，Cr_3C 晶格类型为正交晶格，其硬度达 850~1100HV（硬度随着此类碳化物中铬含量变化而变化）。与前面几种碳化物相比，M_3C 渗碳体型碳化物的硬度有所降低，其在白口铸铁中大多呈连续性分布，从而导致耐磨件的抗断裂能力、耐磨性和韧性相对降低。因此，在白口铸铁中，M_3C 碳化物的体积分数要被严格控制。从铁碳铬合金的工作性能上来看，其中不可能具有 M_3C 型碳化物，但事实上，通过某些检测手段确实发现有 M_3C 碳化物的存在。而出现这种问题的原因主要是一些高铬铸铁件中铬元素和铬碳元素比相对较低，刚好在转化成 M_7C_3 型碳化物的条件边缘。即在铸件液冷却过程中出现了 $L+M_7C_3 \rightarrow M_3C+\gamma\text{-}Fe$ 包共晶反应，使 M_3C 碳化物由部分 M_7C_3 型碳化物转化而来。

2.5 合金元素在高铬铸铁中的作用

碳、铬两元素是决定高铬铸铁组织、性能的主要元素。但是单纯依靠碳和铬两个元素还不能使高铬铸铁完全达到对高质量抗磨铸件的性能要求。20 世纪 60 年代以来，国内外研究人员从多方面研究了铸铁中其他常存元素和一些合金元素

对高铬铸铁组织和性能的作用。并经过多年的生产实践，已经确认了大多数合金元素的存在形式及其作用。本节介绍当前高铬铸铁中常用的几种合金元素，包括碳、铬、硅、锰、镍、铜、钼和钒元素。

2.5.1 碳的作用

碳是高铬铸铁中碳化物形成的基本元素。碳元素的含量基本决定了组织中碳化物含量，碳化物的含量（K）与碳、铬元素的关系如上述式（2-1）所示[34]。

碳元素不仅影响碳化物的含量，而且还根据合金中铬碳比的不同影响高铬铸铁中碳化物的种类，进而影响碳化物的形貌。铬碳比较低时，容易出现显微硬度低的 M_3C 型碳化物，其形貌以网状分布为主，使得高铬铸铁的耐磨性和韧性下降。铬碳比过高，同样容易出现 $M_{23}C_6$ 型碳化物，其硬度也低于 M_7C_3 碳化物，形貌以条状或颗粒状为主。因此铬碳比必须控制在一个合理的范围内，通常以6~8之间最合适，使其组织中的碳化物是以 M_7C_3 碳化物为主，形貌以菊花状孤立分布在组织中。通常高铬铸铁合金中的碳含量（质量分数）控制在2.4%~3.2%较为合适。

2.5.2 铬的作用

铬是高铬铸铁中最重要的元素之一。高铬铸铁中的铬主要分布在基体和碳化物中，是影响高铬铸铁耐磨性、淬透性和碳化物种类的重要元素。另外，在高铬铸铁中铬碳比是一个重要的参数。铬碳比的大小可以影响高铬铸铁中碳化物的种类和碳化物的总量。铬碳比小于4，将出现大量网状分布的 M_3C 碳化物，恶化材料的耐磨性和韧性。当铬碳比大于5时，在组织中就可以得到大部分的 M_7C_3 碳化物。当铬碳比大于10时，组织中便出现大量的 $M_{23}C_6$ 碳化物。因此需要保证合理的铬碳比，通常控制在6~8之间，保证碳化物是以高硬度的 M_7C_3 碳化物为主。同时铬碳比越高，铸铁的淬透性越好。铬对淬透性的影响主要是固溶在基体中的铬含量，其含量可以用式（2-2）估算：

$$w(\mathrm{Cr}) = 1.95 \times \text{铬碳比} - 2.47 \tag{2-2}$$

随着铬碳比的增加，基体中铬含量不断增加可以提高合金的淬透性。综合考虑合金的铬碳比、淬透性等因素，高铬铸铁的铬含量（质量分数）通常控制在15%~26%。

2.5.3 硅的作用

高铬铸铁中的硅既是常存元素，也可视为合金元素。硅一般是由炉料（主要是铬铁和生铁）带入，碳素铬铁中普遍含有硅。我国所产低碳铬铁硅含量为1.5%~2.0%，高碳铬铁硅含量上限为3.0%。生铁硅含量为1%~3%。用这些炉料配制高铬铸铁时，至少给铁水带进 0.3%~0.5%Si。一般认为，高铬铸铁中硅的常存含量为 0.4%~0.8%。高于 0.8%，属于能产生特定作用的合金元素。

众所周知，硅可以对铁水进行脱氧，具有净化铁水的作用。此外，硅还可以降低铸铁的共晶反应温度，提高铁水的流动性，改善铸造性能，有利于提高铸件的外观质量。当成分中的硅含量增加时，共晶点左移，铁水发生过共晶化，相同碳含量条件下，硅含量高的合金组织共晶碳化物尺寸更细，含量更多，并且有可能在随后的凝固过程中出现粗大的初生碳化物，降低合金的韧性，但是匹配合理的碳、铬含量，使铁水不发生过共晶化，利用硅对共晶碳化物的细化作用，可以提高合金的韧性和耐磨性[35]。

作为合金元素存在的硅，在高铬铸铁中含量范围一般为 0.8%~2.5%。此时硅产生的作用有：

（1）固溶于 γ-Fe 中的硅，不进入碳化物而是固溶于奥氏体或铁素体中。能减少铬和碳在 γ-Fe 中的溶解度，18%Cr 高铬铸铁铸态组织的电子探针显微分析硅在整个基体中分布是比较均匀的，碳化物中未见到明显锰元素富集，如图 2-8 所示。

（2）硅可降低富铬奥氏体临界冷却速率，有助于提高高铬铸铁淬透性。

（3）硅可提高高铬铸铁的 M_s 点。就改变 M_s 的效果而言，硅的能力约为钼的 2 倍，因而有助于增加马氏体转变量，减少铸态或淬火后的高铬铸铁中残余奥氏体量。

（4）硅可缩小高铬铸铁共晶反应的温度范围，使共晶碳化物变得较为细小，分布变得较为弥散。

过去一般高铬铸铁件标准规定，铸件硅含量多为 0.5%~0.8%。认识了硅的这些有益作用后，高铬铸铁允许硅含量都有所增加。特别是中铬硅铸铁和镍铬白口铸铁允许硅含量已经提高到 2%左右。

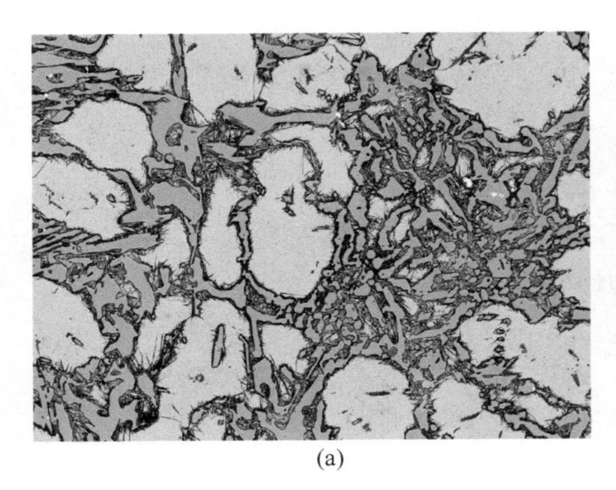

(a)

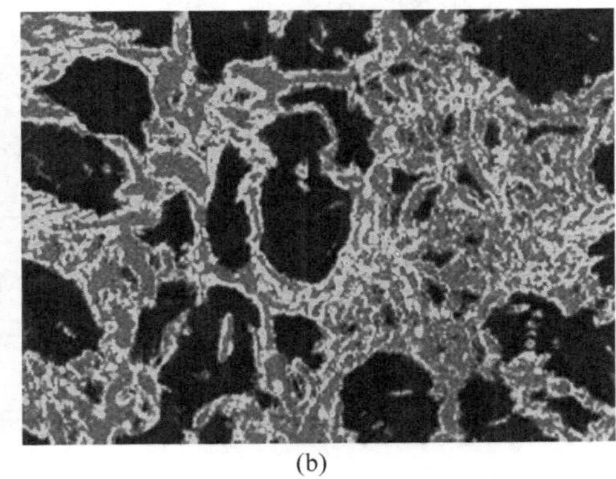

(b)

图 2-8 高铬铸铁组织中硅元素的分布

（a）组织形貌；（b）硅元素分布

2.5.4 锰的作用

锰是高铬铸铁中的常存元素。高铬铸铁中的锰既进入碳化物，也溶入奥氏体，高铬铸铁中的锰元素主要溶入在基体中，这是因为铬比锰更易于形成稳定的碳化物，限制了锰固溶于碳化物或直接形成锰碳化合物。锰是硅的脱氧辅助剂，有利于降低铁水中的非金属夹杂物，锰在高铬铸铁中具有以下作用：

（1）锰有稳定奥氏体组织的作用，扩大基体内的 γ-Fe 相区，推迟珠光体转变孕育期，提高高铬铸铁的淬透性。但是没有铝和镍的作用强烈。

（2）锰的作用可以提高合金的淬透性，但是在提高合金淬透性的同时，会剧烈降低合金的马氏体相变开始温度（M_s）。当高铬铸铁中锰达到较高浓度时，其奥氏体基体可直接保留到室温以下。

图 2-9 表示锰含量分别为 0.8%、1.5%、3.1%的 w(C) = 2.9%、w(Cr) = 17.5%的高铬铸铁以不同速率进行冷却时，M_s 和硬度的变化。锰含量较高的两个合金在较高冷速下 M_s 点已降得很低，M_s 都在室温以下，室温组织中出现较多奥氏体。锰含量低的合金，冷速高则能获得较高硬度，但冷速降到一定程度后，由于出现共析反应，组织的硬度下降。但是 3.1%Mn 高铬铸铁即使以较低速度冷却，也能保持奥氏体组织。

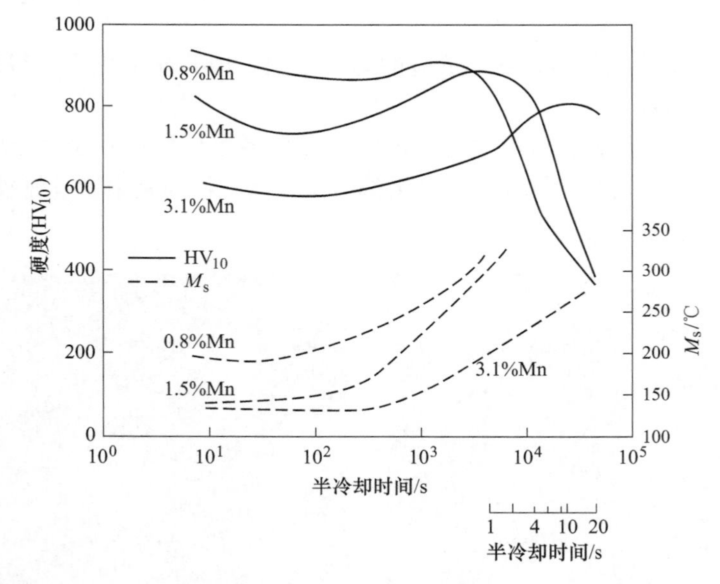

图 2-9 三种不同锰含量的试样以不同速率冷却时的 M_s 和硬度的变化

综上所述，高铬铸铁中含有适量锰元素，对于提高铸件强韧性、改善淬硬性和耐磨性都是有益的。根据许多生产非奥氏体高铬铸铁件的工厂经验，合理的加锰量与铬碳比和铸件厚度有关。铬碳比低于6的高铬铸铁件锰含量选在0.3%～0.7%即可，过多锰含量会导致淬火后残留较多奥氏体。铬碳比为7～10时，锰含量可增加到0.8%～1.2%。薄壁铸件冷速较高，应在上述锰含量范围内偏下限选取加锰量，以防 M_s 过度降低。厚壁铸件则相反，适当增加锰有利于改善铸件耐磨性。制造奥氏体高铬铸铁件时，加锰量则应该增加到4.5%～5.5%。

而含铬、锰较高的高铬铸铁通常为奥氏体基体的微观组织，具有较好的韧性、塑性和加工硬化性质，铸件抗磨能力显著提高。曾在大型球磨机的衬板、颚式破碎机颚板等零件上采用奥氏体高铬铸铁进行工业性试验，取得很好的使用效果。为了保持材料力学性能不致显著下降，奥氏体高铬铸铁锰含量一般不宜超过6%。

2.5.5　铜的作用

铜在高铬铸铁中不直接进入碳化物而在一定溶解度范围内固溶于奥氏体。溶入铁中的铜可能随铁少量进入碳化物。铜在铁中的溶解度随温度下降而急剧减少。1044℃铜的极限溶解度为7.5%～8.0%，温度下降到850℃时，溶解度下降为2.13%，700℃时则为0.52%。由于铜在奥氏体中和在铁素体中的溶解度相差悬殊，当冷速较高时，铁素体中的铜将处于过饱和状态，铜原子阻碍奥氏体中铁、碳原子移位，这将导致奥氏体转变孕育期延长。铁素体中的铜含量超过其极限溶解度越多，它对奥氏体转变临界冷却速度的影响越显著。这说明铜具有提高高铬铸铁淬透性的能力。

但在高铬铸铁中单独加铜，并不能显著提高材料的淬透性。铜和钼复合加入高铬铸铁对推迟奥氏体转变孕育期、提高材料的淬透性的效果，比单独加钼或单独加铜更好。美国Climax钼公司的研究人员曾对此进行的一项研究表明，在成分为 $w(\mathrm{C})=2.9\%$、$w(\mathrm{Si})=0.6\%$、$w(\mathrm{Cr})=17.5\%$、$w(\mathrm{Mo})=0.5\%$ 的高铬铸铁中，不含铜时全部发生马氏体转变的半冷却时间约为8min，避免珠光体转变的半冷却时间为12min。在此合金中加入约1%和2%铜后，全部发生马氏体转变的半冷却时间分别延长到45min及75min，避免珠光体转变的半冷却时间分别增加到90min和140min。因此，有人认为铜是钼提高高铬铸铁淬透性的辅助合金元素。

科研和生产实践都证实：不论高铬铸铁中碳含量和铬碳比高低，铜的适宜加入量为0.6%～1.0%。如果铸件同时含有镍，则镍+铜总量不应超过1.5%。铜加入量超过1.2%，不但浪费资源，还对铸件性能起相反作用。

2.5.6　镍的作用

镍不溶于碳化物，而无限固溶于铁。镍在高铬铸铁中有以下几方面的作用：

（1）镍降低高铬铸铁奥氏体转变临界冷却速率，提高材料的淬透性，保证厚大铸件在较低冷却速率下依然可以避免奥氏体→珠光体相变（A→P 共析相变）。

（2）镍扩大奥氏体的相区，稳定奥氏体的作用。降低高铬铸铁奥氏体→马氏体相变的开始温度（M_s），但镍降低 M_s 点的作用弱于锰。镍含量过多，甚至能使 M_s 降低到室温以下。

Radulovic[36] 对 w(C)=2.8%、w(Cr)=19%、w(Mo)=1.3%的高铬铸铁进行了高应力湿磨的耐磨性试验。试样取自经过 1095℃奥氏体化后空冷处理的 100~150mm 厚壁铸件。磨料为石英砂。镍含量对铸件抗磨能力的影响见图 2-10。此图所示镍的作用与 Climax 公司发表的有关试验结果相似，都说明镍作为提高淬透性辅助元素在提高高铬铸铁抗磨能力方面其含量有一个最佳值，过多地高于或低于此值抗磨能力均有所下降。这是因为低于此值时，在冷却过程中厚壁铸件均未淬透。而高于此值时，残余奥氏体量将随镍含量的增加而增加。

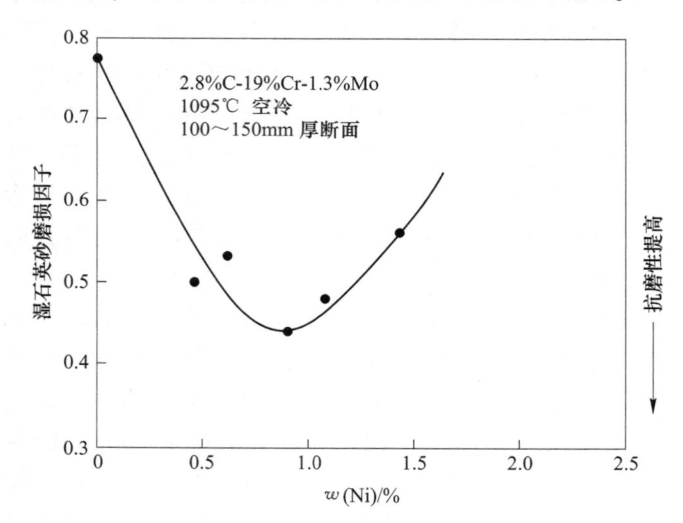

图 2-10 镍含量的不足和过度合金化对高铬铸铁磨损性能的影响

镍是比较稀缺贵重的元素，应该注意节约使用。制造要求抗磨能力强、韧性优良的厚壁高铬铸铁件时，为了改善材料的硬化性能，可以考虑将镍与铜、钼复合加入，以求取得更好的结果。综合来看，高铬铸铁的镍含量控制在 0.8%~1.5%较为适宜。

2.5.7 钼的作用

在高铬铸铁中加钼可提高 γ-Fe 向 α-Fe 转变时 α-Fe 的形核功，降低转变时晶格重组速度，使转变孕育期加长，降低奥氏体临界冷却速率，使基体组织的淬透性提高。在碳含量相同的情况下，增加合金元素一般都会降低 M_s。但是，高铬铸铁加钼能够有效地提高 M_s，减少室温组织中的残余奥氏体量。这是因为固溶于 γ-Fe 中的钼能显著降低 γ-Fe 碳含量，碳含量降低对 M_s 的影响远大于钼降低 M_s 的影响，因而钼能有效地提高 M_s。冷却缓慢的厚壁高铬耐磨铸铁件，加入 1%~2%钼，就能使淬火后产生足够的马氏体组织，获得较高的淬火硬度。钼在高铬铸铁中主要以三种方式存在：

（1）与碳结合形成钼碳化合物（如 Mo_2C）。加入高铬铸铁的钼约有 50%消耗于直接与碳化合形成的 Mo_2C 为主的钼系碳化物。钼的碳化物有多种结构。主要的碳化物有 MoC（六方晶格，2250HV）、Mo_2C（六方晶格，1800~2200HV）、$Mo_{23}C_6$（六方晶格，1600~1800HV）、Mo_6C（立方晶格，1600~2300HV）。

Mo_2C 是含钼高铬铸铁中主要的钼系化合物。这种碳化物的硬度高于 Cr_7C_3。Mo_2C 呈细小点状，多以 α-Fe+Mo_2C 共晶形态存在。Mo_2C 中碳、钼质量分数很接近两元素的理论质量分数，且 Mo_2C 中没有发现铁和铬元素的存在。根据探测结果，高铬铸铁中 Mo_2C 碳化物占用的钼量 $w(Mo)$ 与铸件总钼含量 $w_t(Mo)$ 符合以下关系式：

$$w(Mo) = 0.53w_t(Mo) - 0.05\% \quad (2\text{-}3)$$

（2）固溶在 M_7C_3 碳化物中的钼占 25%左右，有利于提高 M_7C_3 碳化物的硬度和合金的耐磨性。M_7C_3 碳化物中钼含量随合金钼含量的增加而增加。约占总钼含量 25%的钼以取代部分铬原子的方式溶入 $(Fe,Cr)_7C_3$，而形成 $(Fe,Cr,Mo)_7C_3$。由于 $(Fe,Cr)_7C_3$ 在一般高铬铸铁中的质量分数超过 25%，碳化物中钼含量可能超过 1%。

（3）以固溶形式存在于基体中的钼占 25%左右，可以提高基体的淬透性。固溶在基体中的钼的作用不同于镍，钼在提高合金淬透性的同时降低马氏体相变开始温度（M_s）的幅度远远小于镍。钼以置换铬原子方式固溶于奥氏体及其转变产物中。高铬铸铁凝固过程中，钼在基体与碳化物中的分配比例与铸件碳含量、铬碳比、总钼含量有关。铬含量和铬碳比较高时，钼的凝固分配系数较低，溶入基体的钼量较多。然而影响奥氏体溶入钼量 $w_m(Mo)$ 的主要因素是高铬铸铁的总钼含量 $w_t(Mo)$，两者大致符合以下关系：

$$w_m(Mo) = 0.23w_t(Mo) - 0.03\% \quad (2\text{-}4)$$

上式表明，加入高铬铸铁中的钼只有 1/5~1/4 溶入基体。但是这少量的钼对高铬铸铁性能产生最显著的作用。那就是强烈推迟奥氏体的珠光体转变，使高铬铸铁连续冷却转变曲线向右推移，有效地提高基体金属的淬透性。这与在钢件中加钼提高淬透性的作用类似，只是因为高铬铸铁碳含量高，加入的钼大部分消耗于碳化物，因而提高淬透性所需的加钼量，显然比钢件高了很多。

钼对经过脱稳处理的高铬铸铁奥氏体转变动力学的影响如图 2-11 所示。该图表明了钼及铜、镍等合金元素对经过955℃×1h奥氏体化的 $w(Cr)=12\%$ 高铬铸铁奥氏体等温转变动力学的影响[37]。由图可知，不添加镍、铜等合金元素时，不加钼试样的珠光体转变10%的孕育期约为20s，加钼2.1%后，孕育期增加到200s，加入0.6%Ni、1.0%Cu和2.0%Mo时，$w(C)=2.6\%$、$w(Cr)=13.5\%$ 铸铁珠光体转变10%的孕育期增加到2000s。

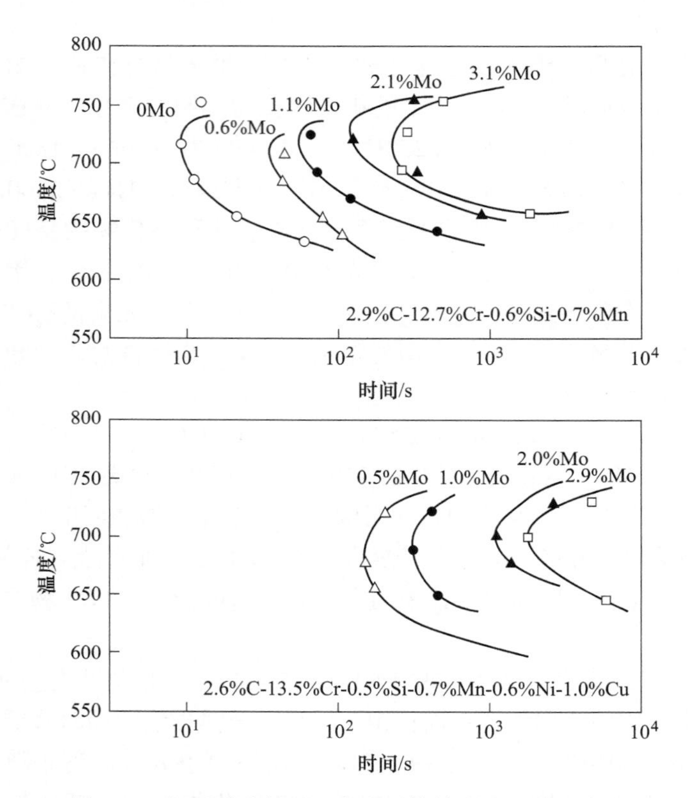

图2-11　钼对脱稳热处理中奥氏体转变动力学的影响

钼在高铬铸铁中的加入量一般应根据铬含量、铬碳比和高铬铸铁件厚度而定。在铬含量相同的情况下，铬碳比较高时，加钼量可相应减少。在推荐成分范围内选择具体加钼量时，还要考虑铸件碳含量、厚度、铸型种类（砂型或金属型）以及其他合金元素（镍、铜）含量。如果碳含量高、铸件较厚、铸件冷却较慢，应加入较多的钼。但是钼属于贵重金属元素，鉴于钼的作用和价格，通常高铬铸铁的钼含量（质量分数）控制在0.5%~2.0%。

2.5.8　钒的作用

在高铬铸铁中加入少量的钒，可以起细化晶粒和强化基体的作用。钒在高铬铸铁中以有限固溶形式存在于 M_7C_3 碳化物中，在 M_7C_3 碳化物中钒的含量随着合金钒碳比的增加而增加。钒同时能溶于基体和 M_7C_3 碳化物中，因此要在高铬铸铁中获得大量高硬度的碳化钒粒子，需要加入至少 2%以上的钒。钒属于贵重金属元素，因此期望在高铬铸铁中获得高硬度的 VC 碳化物是不划算的。通常钒在高铬铸铁中的加入量（质量分数）控制在 0.1%~0.5%。

2.6 高铬铸铁的磨损特性及其影响因素

图 2-12 是影响高铬铸铁材料磨损性能的主要因素。高铬铸铁材料在磨损过程中，碳化物和基体均会受磨料的磨削，碳化物和基体的性能对高铬铸铁的磨损性能具有重要的影响。综上所述，高铬铸铁的磨损行为主要是由磨料的性质（硬度、尺寸)、基体和碳化物的性能所决定的。

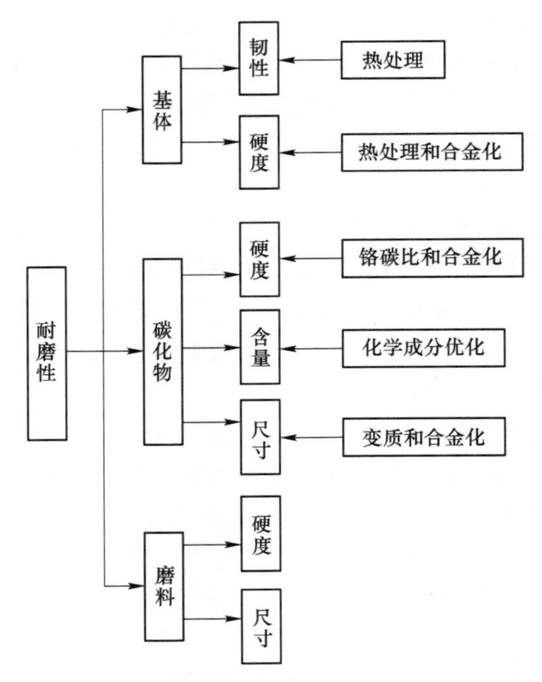

图 2-12 高铬铸铁耐磨性的主要影响因素

轧辊的磨损特性最接近于磨料磨损。磨料磨损是指磨料与工件表面相互作用，造成材料表面磨损消耗的现象。根据作用力的大小可以分为低应力磨损和高应力磨损，轧辊的磨损属于中低应力磨损。基体的性能是指基体中马氏体和奥氏体的相对含量以及分布在基体上第二相粒子的大小、体积分数和分布情况。而碳化物的性能是指碳化物的类型、体积分数、尺寸和分布情况等。高铬铸铁的碳化物和基体对耐磨性的影响是相互作用、相互支撑的。如果基体组织较软，抵御磨料磨损的能力差，磨损中基体金属流失就会增加，碳化物将失去支撑保护作用并完全暴露在磨料下，其受到磨料的切应力会增加，更容易发生断裂，并从基体上脱落，同时磨损加剧。如果碳化物粗大、对于基体的割裂大，磨损过程中容易发生碳化物断裂、脱落，基体就会暴露在磨料之下，基体的磨损同样也会加剧。

2.6.1　碳化物

均匀分布在基体上的碳化物是影响材料耐磨性的重要因素。碳化物是高铬铸铁中的抗磨骨架相，是决定材料耐磨性的重要因素。从提高碳化物硬度的角度出发，耐磨材料是沿着 M_3C（1000～1300HV）、$M_{23}C_6$（1200～1500HV）、M_7C_3（1600～1800HV）、MC（2000～2600HV）的方向发展的。可以看出高铬铸铁组织中 M_7C_3 碳化物的硬度仅次于 MC 碳化物，并且高铬铸铁中碳化物的体积分数通常在30%～35%之间，远远高于高速钢中 MC 型碳化物的含量，其范围为10%～15%。碳化物在磨料磨损中的主要作用是：磨损过程中阻止和抵御磨料在工件表面的切削、挤压作用，保护基体金属免受磨料的磨损。通常情况下，碳化物的硬度越高，抵御磨料磨损的能力就越强。因此，强化高铬铸铁中 M_7C_3 碳化物的思路可以从以下几个方面考虑：

（1）高铬铸铁的碳化物具有方向性。M_7C_3 碳化物是六方棱柱体结构，其横断面硬度高于棱柱面的侧面硬度。因此，设法控制铸件的凝固方向，使得横断面作为磨损面，可以大大提高碳化物的耐磨性。对于轧辊来讲，辊芯至辊面是热流方向，碳化物沿着中间向外生长，所以辊面通常是 M_7C_3 碳化物横断面的定向排列，有利于提高轧辊的耐磨性。

（2）M_7C_3 碳化物实际上是以（Fe，Cr）$_7C_3$ 形式存在的。其中铁含量越高，碳化物的硬度越低，铬含量越高，碳化物的硬度越高。而碳化物的铁、铬含量主要与铸件的铬碳比有关，铬碳比越高使得 M_7C_3 中的铬含量越高，但是过高的铬碳比会发生 M_7C_3 碳化物向 $M_{23}C_6$ 碳化物转变，而 $M_{23}C_6$ 碳化物的硬度低于 M_7C_3 碳化物，不利于耐磨性的提高。综合文献和经验数据，高铬铸铁的铬碳比控制在6～8最适宜。

（3）在高铬铸铁中通过适当添加钛和铌等强碳化物元素，形成一定量硬度更高的 MC 型碳化物，有利于提高合金的耐磨性。碳化物的硬度越高，对材料的耐磨性就越有利。因为 MC 碳化物的硬度高于 M_7C_3 碳化物，所以在组织中形成一定数量的 MC 型碳化物对高铬铸铁的耐磨性是十分有利的。另外，MC 碳化物的形貌呈粒状，对基体的割裂小，尺寸在0.2～5μm之间，大大提高了材料的耐磨性，并且不损害合金的韧性。

（4）碳化物尺寸对高铬铸铁的磨损影响很显著，特别是在冲击磨损模式下。

尺寸大的碳化物在磨损过程中韧性基体对其保护程度不足，容易开裂。所以通过细化碳化物的尺寸，减少碳化物在磨损过程中的断裂，充分发挥碳化物的耐磨性有利于提高合金的耐磨性。

（5）提高碳化物的含量有利于提高高铬铸铁的耐磨性，但是碳化物含量过高导致粗大的碳化物在磨损条件下容易发生脆断，造成磨损量增加，无法充分发挥碳化物的耐磨性就脆断失效、脱落，导致磨损失重增加[38]。碳化物含量指标是决定高铬铸铁耐磨性的关键因素之一。探索碳化物含量对高铬铸铁耐磨性的影响具有重要的意义。

根据 F. Maratray 的实验结果绘制碳化物含量与磨损失重、冲击韧性之间的关系[39]，图 2-13 是碳化物含量与耐磨性、冲击韧性的关系图。实验条件是载荷为 50N，转速为 200r/min，时间为 1h，磨料为石英砂。

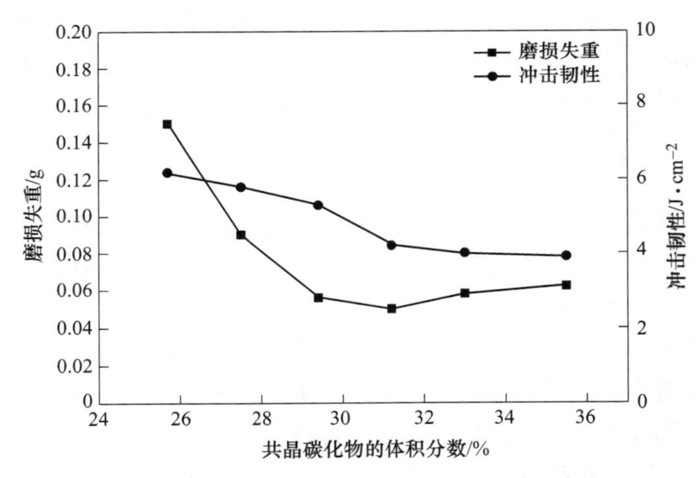

图 2-13 碳化物含量与耐磨性、冲击韧性的关系[38]

碳化物含量的增加，磨损失重随之减少，碳化物含量在 31%左右磨损失重最低。此试样根据相图成分测定，成分恰好在共晶成分附近。此后随着碳化物含量的持续增加，磨损失重呈缓慢增加趋势，这是因为过共晶高铬铸铁中的粗大初生碳化物在磨损中容易出现脆断和脱落等现象，导致失重缓慢增加。具有亚共晶成分的试样中，初生相为奥氏体基体组织，基体相对于碳化物较软，磨损过程中优先被磨损，基体金属流失后，共晶碳化物周围的基体被掏空，碳化物凸出于基体，受到磨料的切应力增加，碳化物断裂速率加快，磨损失重随之增加。随着碳化物量的增加，基体与磨料接触面积减小，基体金属的流失也相应减少，导致磨损失重下降。当试样达到共晶成分时，碳化物之间的间距相应减小，与亚共晶组织相比，没有明显的软区（大面积的基体），磨损较为均匀，减轻了磨料对基体的切削损伤。而在过共晶成分中，初生碳化物呈针状分布，割裂了基体组织，磨损过程中，初生碳化物因抵挡不住磨料的冲击而出现裂纹或被折断，裂纹容易在初生碳化物中萌生并迅速扩展到整个组织，磨损失重增加，碳化物本身并未发现明显的磨钝现象。

碳化物的体积分数越大，尺寸越粗大，抗冲击能力越低。随着碳化物含量的增加，合金的冲击韧性呈下降趋势。在亚共晶高铬铸铁成分中，碳化物含量较小的高铬铸铁中，冲击韧性主要受基体影响较大，原因是碳化物体积分数较小，裂纹从脆性的碳化物扩展到另一个碳化物的路径较长，裂纹扩展速率较低，所以在碳化物含量较小时，冲击韧性随碳化物含量增加下降的速率较快。反之，当碳化物含量较多时，碳化物以较高的速率扩展。因此，在碳化物体积分数较大的时候，冲击韧性随碳化物含量的增加下降速率较慢。

综上所述，碳化物既是脆性相，又是硬质相。它的含量和分布很大程度上决定了高铬铸铁的耐磨性和强韧性。碳化物含量在31%左右时高铬铸铁的耐磨性最好。选择合适的碳、铬含量和铬碳比，兼顾材料的耐磨性和韧性的原则，调控合理的碳化物含量为合金材料的设计提供了较好的思路和方向。

2.6.2 基体

基体对高铬铸铁的磨损性能也至关重要。如果基体抵御磨损的能力较差，碳化物将失去支撑保护作用，直接暴露在磨料中，容易在磨料的切应力作用下发生断裂、脱落，同时磨损进一步加剧，失重随之增加。对于铁基合金来讲，基体的组织主要有铁素体、珠光体、贝氏体、奥氏体和马氏体等。参考相关的资料[40]，基体组织对耐磨性的关系如图 2-14 所示。基体的硬度由低到高排列顺序如下：铁素体（70~200HV）、珠光体（300~500HV）、奥氏体（400~600HV）、马氏体（700~900HV）。其硬度都远远低于 M_7C_3 碳化物的硬度（1600~1800HV）。因此，在磨损过程中，提高基体的硬度，增加基体抵御磨料磨损的能力，有利于提高对碳化物的支撑保护作用，减少基体与碳化物之间的硬度差，有利于提高材料的耐磨性。铁素体主要在低碳钢中出现，特点是硬度低、韧性好，不属于耐磨相，在耐磨材料中应当避免出现。奥氏体属于韧性相，一般利用奥氏体→马氏体相变在工件的表面生成一定数量的相变马氏体来提高材料的耐磨性，而工件的内部还是属于韧性的奥氏体组织，适用于高冲击条件下的耐磨件，如矿山机械领域破碎机用的锤头就使用高锰钢，通过水韧处理的高锰钢基体基本全为奥氏体，碳化物含量极少，硬度低，其耐磨的机理是在高冲击应力条件下，通过形成大量的孪晶高碳马氏体来提高合金的耐磨性。马氏体组织由于硬度高，通过回火后形成稳定的回火马氏体，提高了马氏体的韧性，是低应力耐磨材料理想的基体组织。但是当冲击较大时，马氏体的韧性相对较差，无法满足工况的条件。而贝氏体，特别是下贝氏体就能满足这一特性，下贝氏体具有硬度高、韧性好的特点，因为贝氏体的内应力低于马氏体的内应力，裂纹不容易扩展，贝氏体中的铁素体中固溶的碳含量高，板条比较细小，这些都有利于贝氏体耐磨性的提高，但是一般中低碳钢的贝氏体的形成温度较高（300~450℃），贝氏体的板条束较厚，所以硬度一般不高，而 Caballero 和 Bhadeshia 发现将碳含量（质量分数）为 0.75%~0.98%的 Fe-Si-Mn-Cr-Mo-V 高硅高碳低合金钢在 $T=0.25T_m$ 低温条件下进行长达数天的等温热处理后，可以获得极细小的薄膜奥氏体/无碳贝氏体双相组织，其强度可达 2500MPa 以上，冲击韧性和耐磨性均优于同类钢种，故称超级贝氏体钢。但是超级贝氏体钢的孕育期很长，一般需要几天甚至十几天的时间来获得足够的贝氏体组织，不利于工业化生产。

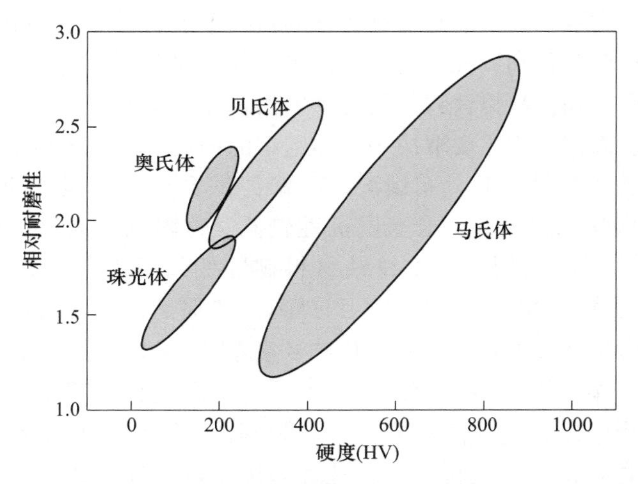

图 2-14 基体组织与耐磨性之间的关系[40]

在低应力条件下，特别是磨料较软时，基体组织与碳化物之间的磨损量差异很小，碳化物受到基体的良好保护，避免提前断裂、脱落。同时，碳化物也在一定程度上阻挡磨料对基体的磨损，减轻了基体的磨损。而在高应力条件下，特别是磨料较硬时，基体与碳化物的磨损产生较大差异，碳化物表层因失去周围基体金属而处于孤立状态，容易发生断裂、脱落。综上所述，碳化物与基体金属之间的保护作用是双向的。所以，尽可能减小基体和碳化物之间的硬度差，减少基体和碳化物的不均匀磨损，是提高高铬铸铁耐磨性的重要途径。而马氏体是首选的具有低应力磨损条件的基体组织，马氏体的高硬度和屈服强度都使它能够抵御磨料的切削和磨损。在高铬铸铁组织中，应该尽可能减少珠光体等软性组织的存在，期望尽量获得高硬度的马氏体组织，并通过调控热处理工艺参数控制基体中二次碳化物的析出，进一步强化基体的性能。

3 高铬铸铁的组织控制策略

高铬铸铁的基体组织和碳化物的特征、分布情况对高铬铸铁的性能起着决定性的作用。长期以来，人们都是以提高高铬铸铁的强韧性和耐磨性为目的，在探索最佳的基体组织及其物相比例，改善碳化物的形貌、种类和含量等方面做了大量的研究工作。实践证明：改善高铬铸铁的组织不仅要求优化合金的化学成分配比，并且要通过合金化和调控热处理工艺等途径来改善材料的组织特征，提高合金的性能。众所周知，高铬铸铁的硬度主要由基体组织的特征和碳化物的种类及其含量所决定。而韧性则主要取决于基体组织的种类，如奥氏体的含量和尺寸以及碳化物的形貌、数量及其分布情况。高铬铸铁合金虽然具有良好的耐磨性，但由于组织中碳化物含量高，合金的韧性较低，这限制了高铬铸铁在具有较高冲击的工况条件下的应用。高铬铸铁材料韧性低的原因主要是碳化物含量较高，碳化物较粗大，基体的韧性得不到提高，特别是过共晶高铬铸铁，粗大的初生 M_7C_3 碳化物（先共晶 M_7C_3 碳化物）割裂了基体，使冲击韧性急剧降低。材料在受到冲击情况下，裂纹容易在粗大的初生碳化物中萌生，并迅速沿着碳化物扩展到整个组织，造成工件开裂、断裂等情况，无法真正发挥高铬铸铁的耐磨性。目前主要采用合金化、变质处理和优化热处理工艺等途径来改善组织中碳化物的性质、形貌及其分布和优化基体组织来提高高铬铸铁的强韧性和耐磨性。

3.1 变质处理

变质处理具有减少夹杂、净化铁液、细化晶粒和改善碳化物形貌、分布的作用。这主要取决于变质元素与合金中 Fe、Mn、Si、C、S、N 等其他原子间的化学交互作用，这与元素电负性差和原子几何半径差等因素有关。目前变质剂可以分为两类：(1) 加入能形成碳化物结晶核心的元素，如 Ti、V、Nb 等，选择合适的添加含量、方式、冶炼方式等，这些元素能在铁水熔体凝固过程中优先形成高熔点的碳化物或氮化物等，可以成为后续碳化物形成的异质形核核心，达到细化碳化物和晶粒的目的；(2) 加入微量的 RE、K、Na、Ca、Mg 等活性元素，提高铸铁中碳的活度，且不溶于 γ-Fe 中，净化铁液，通过这些活性元素富集在晶界和碳化物表面，能够阻碍碳化物和晶粒的生长，达到细化碳化物和晶粒的目的。变质处理在高碳或超高碳合金钢领域的应用十分广泛，其作用主要是通过变质来破坏组织中连续分布的网状碳化物，使其呈断续形式分布，降低网状碳化物对材料韧性的危害，进而提高材料的强韧性。在高铬铸铁中变质作用的研究相对较少，Walmag 等人[29]在成分为 C3.0%-Cr20%的高铬铸铁中用不同含量的稀土进行变质，变质方法是将稀土颗粒放在浇铸包底利用铁水冲洗方式完成，发现在添加量为 0.4%时，高铬铸铁组织中的碳化物明显细化，冲击韧性提高 36.4%。

3.2 合金化

合金化是改善高铬铸铁组织和性能的一个重要方法。图 3-1 是近年来关于高铬铸铁材料合金化的一部分文献。如图所示，合金化主要分为两类：一类是在合金中改变或添加 Mn、Si、B 等非碳化物形成元素，主要作用是细化共晶碳化物，并影响基体组织的特征，如基体中二次碳化物的数量、种类和分布，以期望提高合金的强韧性和耐磨性；另一类是在合金中加入 Ti、Nb、V 和 W 等强碳化物形成元素，细化 M_7C_3 碳化物的同时在组织中形成一定量的高硬度 MC 型碳化物，以同时提高材料的强韧性和耐磨性，另外一部分合金元素溶入基体改善基体的性能，如在高铬铸铁中加入一定量的钨，固溶在基体中的钨可以提高基体的抗回火软化能力和红硬性，进而提高了合金的高温耐磨性。

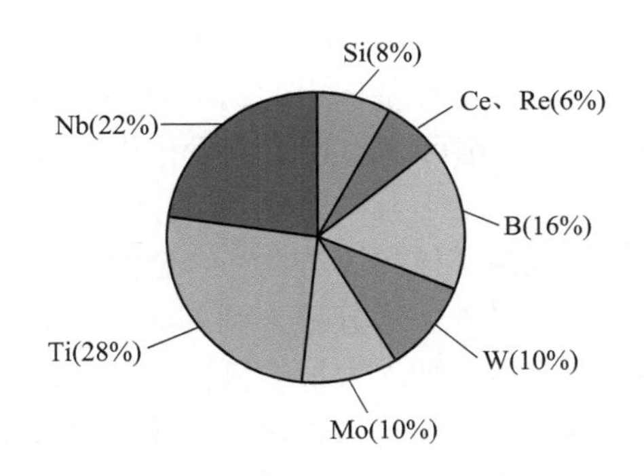

图 3-1 彩图

图 3-1 高铬铸铁合金化相关的文献及其比例

Si：Jacuinde[41]、Kosasu[42]；Ce、Re：Zhi[46]；B：Zeytin[44]；Mo：Imurai[48]；W：Lv[47]；Ti：Fu[49]、Liu[50]、Jacuinde[34]；Nb：Liu[51]

3.2.1 非碳化物形成元素

硅在冶炼过程中具有良好的脱氧作用，硅元素是不溶于碳化物的，主要固溶在基体中，属于石墨化元素。硅元素在球墨铸铁中得到广泛的应用，硅对球墨铸铁中石墨的形貌和分布具有重要的影响。有关高铬铸铁中硅元素的研究资料不多。Jacuinde[41] 和 Kosasu[42] 等人研究了不同硅含量对高铬铸铁组织和性能的影响，发现硅含量的增加可以细化组织中的共晶碳化物，同时会导致铸态组织中残余奥氏体向珠光体转变，但是均未对残余奥氏体向珠光体的转变机理做进一步分析和解释，也未见就硅含量对高铬铸铁热处理过程中基体组织特征的影响进行研究和讨论。

硼在钢铁中的应用很广泛，硼元素主要吸附在晶界上，使新相形核更加困难，提高了奥氏体的稳定性，进而提高了钢的淬透性。高铬铸铁中加硼可以在脱稳热处理过程中形成一部分含硼相，如 $Fe_{23}(C,B)_6$ 粒子，提高了合金的强韧性和耐磨性[43-45]。Zhi 等人[46] 的研究结果表明：稀土元素铈可以大大细化过共晶高铬铸铁中的初生 M_7C_3 碳化物，预测并证明了 Ce_2S_3 相可以作为初生 M_7C_3 碳化物的异质形核核心，进而细化了碳化物，提高了合金的冲击韧性。

3.2.2 强碳化物形成元素

Lv 等人[47] 通过研究钨（质量分数为 1%~3%）对过共晶高铬铸铁组织和性能的影响，发现添加 W 可以在组织中形成 WC_{1-x} 碳化物，并同时细化组织中的初生碳化物。添加量为 1.03%时，高铬铸铁合金可以获得最高的冲击韧性（8.23J/cm^2）和耐磨性（比不添加 W 的合金提高 205%）。冲击韧性的提高主要是与初生 M_7C_3 碳化物的细化有关，而耐磨性的提高主要与 WC_{1-x} 硬质相的生成有关。

Imurai 等人[48] 研究了钼含量（0~10%）对高铬铸铁组织的影响，对含钼碳化物及组织的演变进行了研究。固溶在基体中的钼可以提高合金的抗回火软化能力。此外，进入 M_7C_3 碳化物中的钼可以起到固溶强化作用，提高碳化物的硬度和耐磨性。

在高铬铸铁中加钒，可以提高基体的淬透性和合金的耐磨性。钒一部分固溶在基体中来提高材料的淬透性，另外一部分溶入到 M_7C_3 碳化物中或单独形成碳化钒。铸态马氏体高铬铸铁通常需要加入大量的钒，其原理是加入合金中的钒消耗了大量熔体中的碳元素，减少了基体中的碳含量，并且溶入到基体中的钒可以降低在基体中碳元素的固溶度，大大提高了合金的马氏体相变开始温度（M_s），使得铸态条件下便可以得到大量的马氏体组织。但是要在组织中形成高硬度的碳化钒粒子，钒的添加量需要很大，而钒铁的价格非常昂贵，使用成本高，应用也就受到限制，不属于理想的添加元素。

钛和铌元素在过共晶高铬铸铁中应用的研究是最多的，首先不同于钼、硼和钒等元素，钛和铌在高铬铸铁基体中的溶解度基本为零，并且也不溶于 M_7C_3 碳化物，所以加入的钛和铌全部用于生成 MC 碳化物。而 MC 碳化物的硬度均在 2000~2600HV，其对耐磨性的贡献是巨大的。其次，MC 碳化物的形成温度高于

M_7C_3 碳化物，并且 MC 碳化物与 M_7C_3 的晶格错配度较低，当晶格错配度小于6%时，先形成的 MC 碳化物就容易成为后形成的 M_7C_3 碳化物的异质形核核心，进而细化 M_7C_3 碳化物，有利于提高合金的韧性。目前被广泛认同的碳化物细化机理是在液相中优先形成的碳化钛或碳化铌作为后续形成的 M_7C_3 碳化物的异质形核核心[49-51]。Liu 等人[50-51]在 M_7C_3 碳化物的内部观察到碳化钛和碳化铌的存在，如图 3-2 所示，并通过第一性原理和热力学计算，结合实验观察证明了异质形核核心理论。Bedolla-Jacuinde 等人[34]研究了添加钛对亚共晶高铬铸铁（16% Cr）组织和耐磨性的影响，发现随着钛含量的增加，组织（枝晶间距）得到了明显细化，并且在基体中形成了大量的 TiC 粒子，大大强化了基体，大大提高了合金的耐磨性。铌元素的研究与钛元素类似，主要也是碳化铌与初生 M_7C_3 碳化物的形核关系、异质形核细化作用和高硬度碳化铌粒子对合金韧性和耐磨性的贡

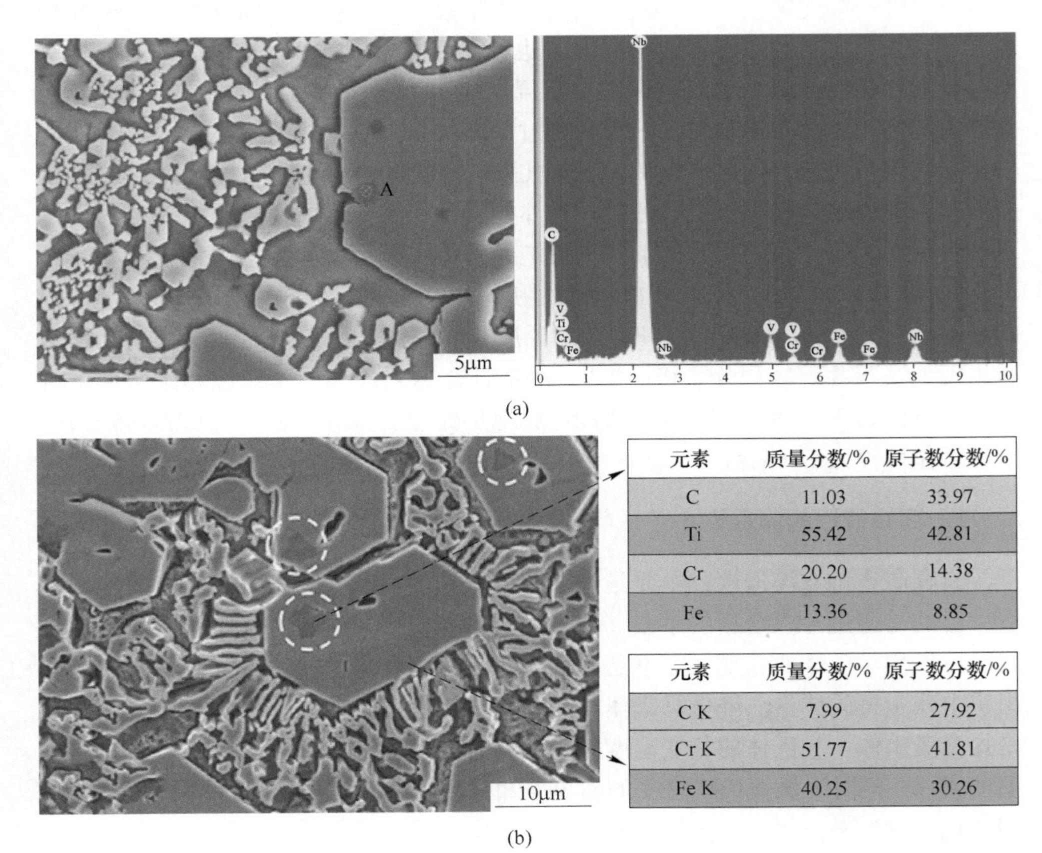

元素	质量分数/%	原子数分数/%
C	11.03	33.97
Ti	55.42	42.81
Cr	20.20	14.38
Fe	13.36	8.85

元素	质量分数/%	原子数分数/%
C K	7.99	27.92
Cr K	51.77	41.81
Fe K	40.25	30.26

图 3-2 碳化铌和碳化钛与 M_7C_3 碳化物的组织形貌

（a）碳化铌[50]；（b）碳化钛[51]

献。相对于钒元素，钛、铌合金元素的利用率更高，并且能细化初生 M_7C_3 碳化物和共晶 M_7C_3 碳化物，但是复合添加铌和钛对高铬铸铁组织和性能的影响研究还很少，研究多组元的钛、铌复合合金化对高铬铸铁组织和性能的影响十分有必要。

3.3　热　处　理

大多数高铬铸铁都是在热处理状态下使用的，热处理是最大限度发挥高铬铸铁耐磨性的重要手段。热处理的目的是为了改善基体组织，使材料获得理想的强韧性和耐磨性匹配，或是使材料软化，改善合金的切削性能。高铬铸铁的铸态基体组织通常由大量的残余奥氏体和少量片状马氏体组成[52]。残余奥氏体形成的原因是铸件冷却速度快，元素来不及充分地扩散，导致基体中固溶大量的碳和合金元素，使得材料淬透性增加的同时，也使马氏体相变开始温度（M_s）下降至室温以下，奥氏体组织也就被保留至室温。铸态下残余奥氏体的碳和铬浓度高，晶粒内部的元素分布不均匀，处于一种过饱和状态，一旦热力学条件成熟，就会转化为高碳马氏体，同时产生 7%的体积膨胀，剧烈的膨胀应力导致工件断裂和失效，因此高铬铸铁需要进行热处理后才能满足使用要求。通过热处理工艺使得这些合金元素以二次碳化物的形式从过饱和基体中析出使基体达到稳定状态。二次碳化物的分布情况（体积分数、密度和尺寸）对高铬铸铁的耐磨性有着重要的影响[1, 36, 37, 52]。调控热处理工艺的温度和时间，来调控基体上二次碳化物的析出特征（尺寸、体积分数和形貌），使得合金达到最佳的强韧性和耐磨性。目前高铬铸铁的热处理主要有以下几种：脱稳热处理、深冷处理、亚临界热处理和脱稳多循环淬火-亚临界回火。

3.3.1　高铬铸铁的淬透性

研究高铬铸铁淬透性，主要是为了调控冷却过程中奥氏体向马氏体的相变过程，目的是通过寻求合适的手段（合金化、热处理），使得在热处理冷却过程中奥氏体发生马氏体的相变，而不是奥氏体转变为珠光体，这样可以尽可能地降低组织中残余奥氏体量。降低马氏体相变过程中组织中残余奥氏体的基本条件主要是提高奥氏体→马氏体的相变温度（马氏体相变开始温度 M_s 和马氏体相变终止温度 M_f），同时降低奥氏体转变的临界冷却速率，改善高铬铸铁淬透性，避免冷却过程中发生奥氏体→珠光体的转变。

避免冷却过程中奥氏体→珠光体的相变与合金的化学成分密切相关。F. Maratray 等人[53]研究了不同成分高铬铸铁的等温转变过程，确定了奥氏体的等温转变曲线。通过对高铬铸铁测定连续冷却转变得到的珠光体等温转变时间与钼、碳、铬含量进行了复合线性回归分析，结果如下：

$$\lg(t/s) = 2.90 - 0.51w(C) + 0.05w(Cr) + 0.38w(Mo) \quad (3\text{-}1)$$

式中，t 为珠光体连续冷却转变时间，即连续冷却转变图时间轴上珠光体曲线鼻子位置。

S. E. Klein[54] 研究碳、铬、锰、镍和铜对高铬铸铁在脱稳热处理（955℃保温 1h）的等温转变动力学影响，回归分析结果如下：

$$\lg(t/s) = -4.12 + 0.40w(Cr) + 0.35w(Mn) + 0.47w(Mo) + 0.82w(Ni) + 0.32w(Cu) \quad (3\text{-}2)$$

式中，t 为等温转变图时间轴上 10%珠光体转变曲线鼻子位置。

铬碳比和钼元素对高铬铸铁淬透性的影响可以从以下实验中看出。第一组实验，合金铬碳比为 3.6，临界淬透直径仅为 5mm，在空气中冷却时也只发生部分硬化现象，但是加入 2.6%钼后，其临界淬透直径增加到 125mm。第二组实验，合金铬碳比为 10，临界淬透直径为 40mm，经空气中冷却后，其整体都发生了硬化，加入 0.6%钼以后，其临界淬透直径增加到 375mm。这两组实验，共同说明了铬碳比和钼含量对合金的淬透性是有效果的。特别是从上述几组公式中发现，这几种金属元素对基体淬透性都能起到一定作用，尤其是镍、铬、钼对其的效果最为明显；相反，碳元素对其并没有成就可言，甚至会降低其淬透性。经研究，碳和合金元素对马氏体转变开始温度（M_s）有着重要的影响，如下式所示：

$$M_s(℃) = 550 - 350w(C) - 40w(Mn) - 20w(Cr) - 10w(Mo) - 10w(Cu) \quad (3\text{-}3)$$

从该式可以看出，碳元素的增加会严重降低高铬铸铁中马氏体转变起始温度，它的影响程度比其他元素总和还要大。当然，该式的元素含量指的是奥氏体中的元素含量，而不包含碳化物中的元素含量，所以这个含量与进入碳化物的数量、凝固时的分配系数有关。奥氏体中的铬含量会随着合金成分中铬含量和铬碳比的提高而增加。例如，高铬铸铁保持碳含量为 3.6%不变，其铬含量由 14.5%提高到 25.3%（铬碳比由 4 提高到 7）。

铸态奥氏体中的碳和铬处于过饱和状态，需要在高温条件下将过饱和的碳和铬元素以碳化物的形式析出，从而提高奥氏体→马氏体相变的开始温度，降低残余奥氏体的含量。但是当温度超过某一临界值时，析出的碳化物又会再次溶入奥氏体基体中，虽然提高了合金的淬透性，但是溶入的碳元素会大大降低奥氏体→马氏体相变的开始温度，冷却后组织中残余奥氏体含量过多，高铬铸铁的硬度在极大程度上被削弱，不利于耐磨性和热稳定性，因此需要通过热处理调控碳元素在碳化物和奥氏体基体中的合理分配，根据高铬铸铁的具体应用工况选择恰当的热处理工艺。

3.3.2　脱稳热处理

在高铬铸铁的热处理工艺中，有一种可以通过加热至高温，降低高铬铸铁中奥氏体转变的临界冷却速率，提高马氏体转变温度的手段，这种方法称之为“脱稳”（destabilization）。其目的在于高温析出 M_7C_3 型二次碳化物，降低基体的铬、碳元素含量，提高在冷却过程中奥氏体→马氏体相变的开始温度，从而在室温组织中获得基体以马氏体为主的组织。脱稳热处理工艺是目前高铬铸铁应用最广泛的工艺。脱稳的意思是指把不稳定的过饱和残余奥氏体在温度的作用下使基体中的碳和合金元素以二次碳化物的形式析出，使基体达到一种稳定的组织形态。高铬铸铁的铸态组织中通常含有大量的残余奥氏体组织，残余奥氏体处于过饱和状态，含有大量的碳和合金元素并存在成分偏析，属于亚稳态组织，如不及时消除或改善，残余奥氏体会失稳转变为马氏体，同时伴随很大的相变应力，会导致工件的开裂或掉块等情况发生。图 3-3 是脱稳热处理工艺示意图，脱稳热处理工艺是将铸件升温至 950~1100℃保温一段时间（1~6h），使基体中过饱和的碳和铬元素以二次碳化物的形式析出，使得基体中的碳和铬含量降低，提高合金的马氏体相变开始温度（M_s），得到大量的马氏体组织。脱稳热处理工艺的优化主要是通过调控脱稳温度和时间来调控基体物相的比例和二次碳化物的特征，如尺寸、体积分数和密度等，进而调控高铬铸铁的强韧性和耐磨性。随着脱稳温度的升高，二次碳化物析出的速率越快，尺寸越大，基体中二次碳化物的含量不断增加，材料的硬度和耐磨性同时增加，但是如果温度过高或保温时间过长，基体中碳和合金元素的固溶度也增加，二次碳化物会重新回溶入基体使得基体中溶入大

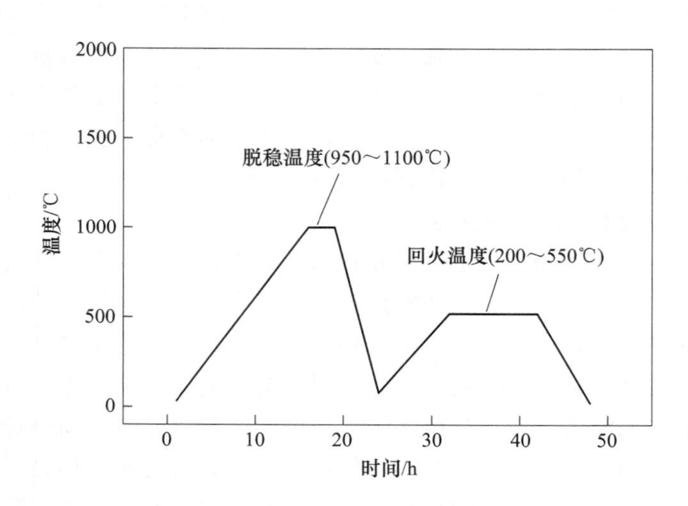

图 3-3　脱稳热处理工艺示意图

量的碳和合金元素，残余奥氏体含量会增加，基体硬度就会随之下降，因此探索一个平衡的脱稳温度对调控脱稳热处理中二次碳化物的析出过程和基体的物相比例至关重要。

脱稳保温过程中同时发生二次碳化物的析出和溶入过程。保温过程中二次碳化物的析出分为形核阶段和粗化长大阶段。形核阶段的时间长短又取决于脱稳温度的高低，脱稳温度越高，原子扩散速率越快，形核速率也就越快，二次碳化物的析出速率也越快，形核时间越短。二次碳化物在保温过程中是析出还是回溶入基体主要由脱稳温度决定。脱稳温度如果是以二次碳化物的析出为主的温度区间，保温时间的延长有助于将二次碳化物的析出进行彻底，奥氏体中碳和合金元素的含量接近于平衡条件下的溶解度。经一定时间热处理后，奥氏体内的各元素含量处于相对平衡状态，碳化物也不再析出。例如某高铬铸铁加热到950℃后保温4~6h，析出碳化物过程也逐渐结束。如果加热温度超过奥氏体化临界温度，即使是已经析出体外的碳化物，还是会重新融入奥氏体中，所以内部的铬碳含量比会再一次增加，但是比之前铸态时的元素分布更均匀了。在这种情况下，对高铬铸铁进行急冷处理，产物将会是奥氏体基体的高铬铸铁。比如：高铬铸铁试样基体的各元素含量为 w(C) = 1.0%、w(Mn) = 0.6%、w(Cr) = 9.0%、w(Mo) = 0.5%，其马氏体转变起始温度 M_s 低于0℃，在1050℃对其保温处理，析出的二次碳化物重新融入奥氏体内部，急冷后产生富碳富铬奥氏体，得到的奥氏体高铬铸铁还具有高韧性的优点。

图3-4所展示的是高铬铸铁脱稳处理（等温前试样加热到1000℃后保温20min）前及脱稳处理后奥氏体等温转变曲线的变化。在脱稳处理工艺后，曲线明显右移一定程度，马氏体转变起始温度 M_s 点达到253℃。

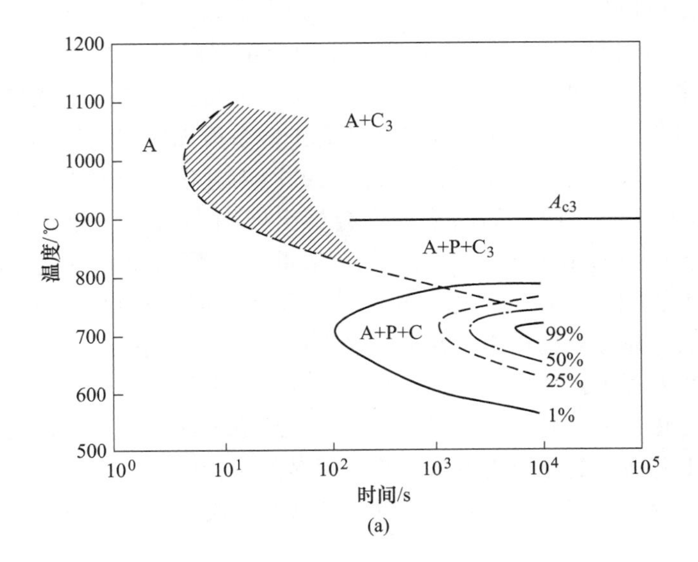

(a)

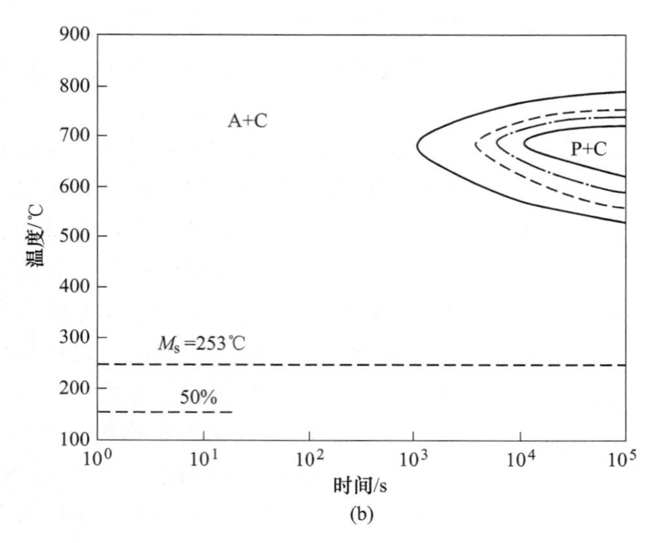

(b)

图 3-4　高铬铸铁脱稳处理前（a）和脱稳处理后（b）的奥氏体等温转变曲线

综上所述，脱稳温度的高低和保温时间的长短影响基体中二次碳化物的析出和回溶，同时影响碳和合金元素在奥氏体中的溶解度和浓度，从而影响合金的淬透性和热处理后的组织及性能。因此，需要研究脱稳温度和时间对高铬铸铁基体中二次碳化物析出规律的影响，探索最佳的脱稳温度和时间，以期望获得合金最佳的强韧性和耐磨性的工艺参数。

3.3.3　亚临界热处理

图 3-5 是亚临界热处理工艺示意图。如图所示，亚临界热处理工艺是在 450~650℃范围内保温 2~6h，然后缓慢冷却至室温状态。原理是铸态存在大量的残余奥氏体，回火过程中从过饱和的残余奥氏体析出大量的二次碳化物，降低了基体中碳和合金元素的含量，降低了铸态中残余奥氏体的过饱和度，同时提高了马氏体相变开始温度（M_s），使其在随后的冷却过程中转变为马氏体或屈氏体组织。在 350℃长时间回火的高铬铸铁会析出极细小的碳化物。随着温度的升高，这种碳化物的析出量也会随之增加。对此进行深入研究发现，高铬铸铁在 480~520℃温度下保温 5~7h，这时析出的碳化物被证实是 M_7C_3 或 $M_{23}C_6$，其高度弥散分布的亚显微结构组织，在电子显微镜观察下，这种组织结构呈羽状。

与脱稳热处理工艺相比，亚临界热处理的特点是热应力小、工序简单，适用于厚大铸件的热处理，并且同时可以降低热处理成本和提高热处理效率。但是亚临界热处理工艺在工业化应用中依然存在很多问题，以冶金轧辊为例，轧辊属于厚大型铸件，冷却时间长，高铬铸铁的铸态残余奥氏体存在成分偏析，不同区域

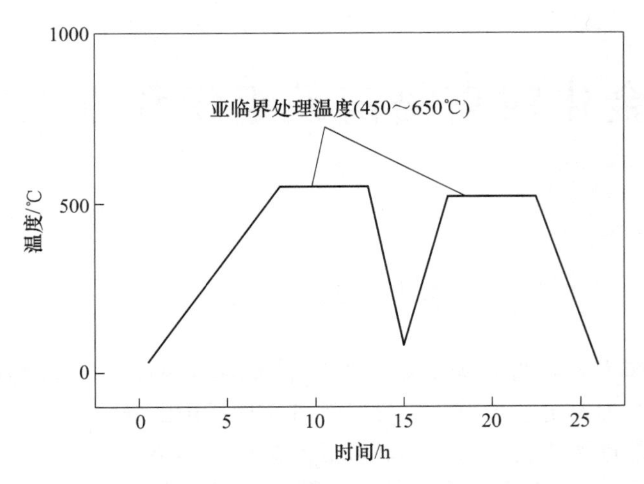

图 3-5 亚临界热处理工艺示意图

的残余奥氏体的过饱和度不一致，在亚临界热处理过程中，大部分残余奥氏体析出二次碳化物并在随后的冷却过程中转变为马氏体或屈氏体组织，但是一部分残余奥氏体可能还未开始转变或转变不彻底，残余奥氏体的过饱和度依然较大，处于一种不稳定状态，在随后的使用中可能会发生奥氏体→马氏体相变，相变应力可能会导致轧辊开裂或断辊等失效情况。理论上讲通过调高回火温度加速二次碳化物的析出来降低残余奥氏体的过饱和度可以解决该问题，但工业化生产过程中很难操作实现，回火温度过高，残余奥氏体就会分解为珠光体等软性组织，硬度降低，达不到轧辊耐磨性的要求。

3.3.4 深冷处理

深冷处理又称低温处理，具体是将脱稳处理后的铸件冷却至马氏体相变终止温度（M_f 点）以下的某一温度，使得马氏体的相变驱动力增加，残余奥氏体进一步向马氏体转变，降低残余奥氏体的含量至 5%以下。深冷处理的目的主要是最大限度地减少脱稳处理后的残余奥氏体，提高高铬铸铁的硬度和耐磨性。深冷处理也同时应用于亚临界热处理工艺中。原理类似，在亚临界回火后冷却至马氏体相变结束温度（M_f 点）以下的某一温度，促进马氏体的生成和残余奥氏体的减少，并析出特定的碳化物[55]。研究表明：深冷处理时马氏体基体上会有纳米尺度（3~5nm）的 $M_{23}C_6$ 或 M_7C_3 碳化物沿马氏体的孪晶带析出，提高了材料的硬度和耐磨性[56]。

4 合金化对高铬铸铁组织和性能的影响

4.1 引　　言

高铬铸铁作为公认的优良抗磨材料，由于其良好的性价比和耐磨性，被广泛应用于矿山、火力发电、建材、机械等领域，如矿山的锤头、冶金轧钢行业的轧辊、建材行业的球磨机衬板、高温环境的高炉衬板和腐蚀环境中的砂浆泵等耐磨部件[57-59]。据不完全统计，近年来我国每年消耗的金属耐磨材料达到500万吨以上。目前，我国大多数的耐磨材料铸造企业规模比较小、研发投入不足，以小型作坊式企业为主，整个行业的铸造工艺和材料的研究与国外发达国家还有一定的差距。由于对抗磨材料的研究认识不足，每年造成大量的材料浪费和巨大的能源消耗。我国于1987年首次制定并颁布了国家标准《抗磨白口铸铁技术条件》（GB/T 8263—1987），并分别在1999年和2010年进行了第二次和第三次修订和完善（GB/T 8263—1999 和 GB/T 8263—2010）[60-61]。其中第二次修订的《抗磨白口铸铁件》（GB/T 8263—1999）中高铬白口铸铁的牌号KmTBCr15Mo、KmTBCr20Mo和KmTBCr26被定义为亚共晶高铬铸铁体系，其硬化态的组织均为共晶碳化物+二次碳化物+马氏体+残余奥氏体，第三次修订的《抗磨白口铸铁件》（GB/T 8263—2010）重新修订了高铬白口铸铁的牌号，为BTMCr15、BTMCr20和BTMCr26，高铬铸铁的成分不再局限于原有的亚共晶高铬铸铁体系，增加了过共晶高铬铸铁的应用范畴，并且增加了V、Ti和Nb等强碳化物元素的应用，以改善材料的组织和性能。因此通过合金成分设计、热处理工艺和合金化手段来改善高铬铸铁的组织和性能，重点研究合金化的作用及材料的强韧化机理，进一步扩大高铬铸铁材料的应用范围，并推动高铬铸铁材料的发展和优化。

本书以冶金轧辊作为应用对象，分别对亚共晶高铬铸铁和过共晶高铬铸铁的热处理工艺、多组元复合合金化等相关基础理论进行研究。针对过共晶高铬铸铁材质韧性低、铸造和使用过程中易开裂的情况，采用钛、铌多组元复合合金化、细化组织中的初生碳化物，并使其尖角钝化，提高了合金的韧性。同时在组织中形成一定量的高硬度MC型碳化物，MC型碳化物的形貌呈粒状，对基体的割裂小，在不降低材料韧性的情况下进一步提高了材料的耐磨性；研究了硅对亚共晶高铬铸铁组织和性能的影响，期望通过细化共晶碳化物和强化合金基体的途径，提高合金的强韧性和耐磨性。

4.2 性能测试与组织表征

4.2.1 硬度测试

洛氏硬度（HRC）在 HBRVU-187.5 型布洛维光学硬度计上采用金刚石压头进行硬度测试，载荷为 1471N。基体硬度采用维氏硬度（HV）表征，设备采用微压痕硬度试验机（BUEHLER5104）进行硬度测试。

4.2.2 冲击韧性测试

根据《金属材料 夏比摆锤冲击试验方法》（GB/T 229—2007）国家标准制取冲击试样[62]。冲击试样采用 10mm×10mm×55mm 无缺口冲击试样。图 4-1 是冲击韧性试验的试样图。冲击试验在型号为 JB-300B 的自动冲击试验机进行试样检测。测试温度为室温 25℃。每个冲击值取 3 个冲击试样的平均值。

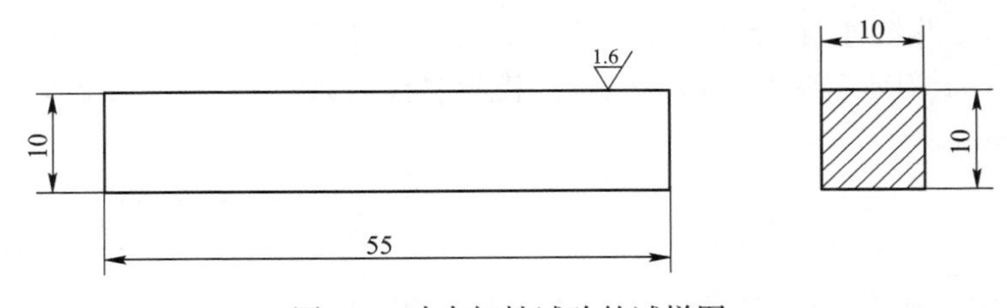

图 4-1 冲击韧性试验的试样图

4.2.3 拉伸性能测试

根据《金属材料 室温拉伸试验方法》（GB/T 228—2002）国家标准制取拉伸试样[63]。图 4-2 是拉伸试样的尺寸图。室温拉伸试验采用 MTS-858 万能拉伸试验机进行测试，每个拉伸强度值取 3 个试样的平均值。

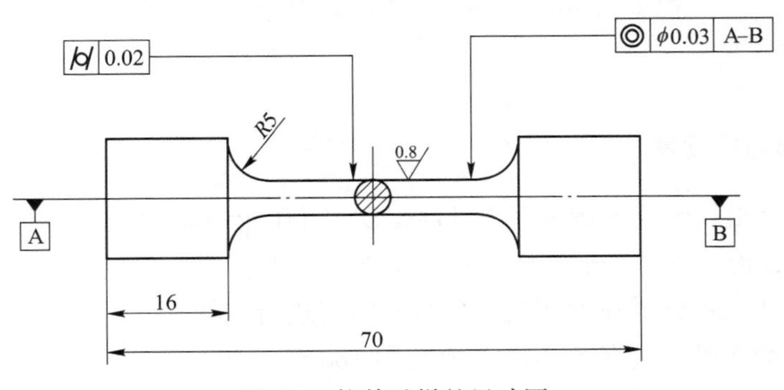

图 4-2 拉伸试样的尺寸图

4.2.4　磨料磨损实验测试

磨料磨损分为二体磨损（two-body abrasion）和三体磨损（three-body abrasion）。二体磨损是磨料直接作用在工件的工作面上，造成工件的表面磨损，同时磨料自身也发生磨损的情况。三体磨损是磨料处于两个被磨表面的中间并且使两个面同时发生磨损，磨料自身同时也发生磨损的情况。

本书的磨损实验根据 ASTM G 105—16 三体磨损实验标准[64]，设备采用湿砂橡胶轮式磨料磨损试验机（MLS-225 型）。图 4-3 是磨损试验机的实物图和示意图，如图所示，磨料在磨损过程中加载到试样的压力保持不变，同时橡胶轮能有效地将磨料带到橡胶轮和试样之间产生磨料磨损，并且由于橡胶轮的弹性，试验过程中橡胶轮不会被磨料严重磨损而导致试验参数产生变化。这种试验机能有效地模拟低应力磨料磨损的状态。试验过程中试样会受到相邻磨料和橡胶轮的磨损，而磨料自身同时也会磨损，属于三体磨损的一种。试样的磨损试验参数即试样尺寸为 57mm×25mm×6mm，表面经过 1500 号金相砂纸打磨光滑即可。磨料的浆料由 1000g 蒸馏水和 1500g 的石英砂混合均匀而成，石英砂的目数是 50～70。试验过程中的橡胶轮转速为 240r/min，载荷选择为 20N、60N 和 100N，每次试验时间为 25min。

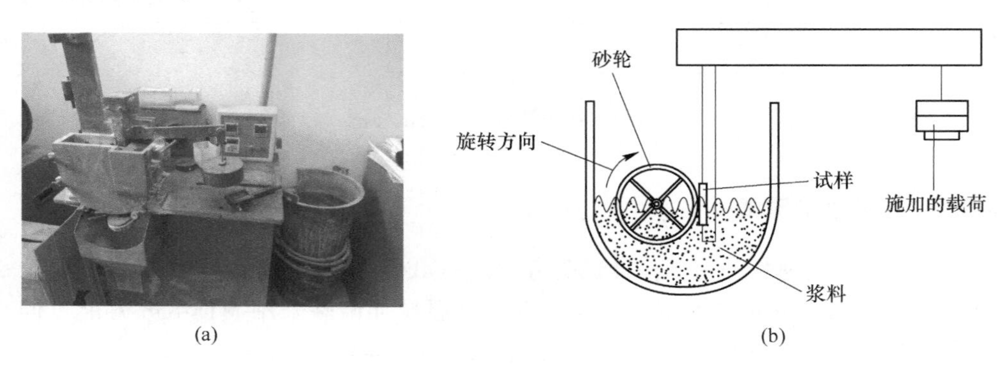

图 4-3　MLS-225 型湿砂橡胶轮式磨料磨损试验机
（a）实物图；（b）示意图

4.2.5　金相组织观察

本书的金相观察及图像采集在 Leica DM4500 光学显微镜下进行，并采用内置软件进行分析和图像处理，样品的制备方法如下：

（1）制样：将试样在镶样机先用特种树脂进行镶样。

（2）研磨和抛光：在磨样机上依次用 180 号、400 号、800 号水磨砂纸进行研磨，再用 800 号和 1200 号金相砂纸进行研磨，最后用氧化铬抛光粉或 0.5 的碾磨膏进行抛光处理，直到样品表面观察不到划痕为止。

（3）腐蚀：将抛光后的试样用无水乙醇和清水洗净后吹干，再用4%的硝酸酒精溶液进行腐蚀后再次洗净吹干，腐蚀的时间以样品表面从明亮转为灰暗色为准。

4.2.6 X射线衍射（XRD）分析

采用日本理学（Rigaku）X射线衍射仪D/max-2500分析试样的物相组成及残余奥氏体的含量。试样制备经抛光但不腐蚀，X射线衍射仪的设定参数是Cu Kα射线，管电压为40kV，管电流为45mA，2θ为30°~100°，扫描速度为1~2°/min。

4.2.7 扫描电镜（SEM）和能谱（EDS）分析

本书的扫描电镜实验采用FEI公司生产的Sirion 200场发射扫描电镜设备观察高铬铸铁铸态和热处理态的高倍显微组织，并结合配套的EDAX能谱分析仪进行微区的成分分析，加速电压为20kV。冲击韧性的断口和磨损实验的磨损面形貌在Quanta 2000型环境扫描电子显微镜下进行观察分析。

4.2.8 电子探针（EPMA）分析

电子探针可以对样品中微小区域（微米级）的化学组成进行定量分析，特别是对轻元素（C、N等）分析的准确度比EDS能谱更高。电子探针分析仪采用日本电子的JMA-8230，加速电压为30kV，发光灯丝为六硼化镧。

4.2.9 差示扫描量热（DSC）分析

DSC(differential scanning calorimeter）主要用来研究样品在连续加热过程中的相变温度等。本书实验的差热分析采用TAS100差热分析仪，试样质量为10~30mg，保护气体为氩气，温度范围在20~1300℃，升温速度为10℃/min。

4.3 铌、钛元素对高铬铸铁组织和性能的影响

过共晶高铬铸铁被广泛应用于低应力磨损条件下的耐磨件，如砂浆泵、矿山溜槽、输送松散物料的螺旋输送机叶片。煤矿井下刮板输送机中原煤对槽的磨损都属于低应力磨损的案例[65-67]。低应力磨损是指磨料对工件的正向磨损应力不大，而是以较高的速度流过工件，对材料的韧性要求相对较低。过共晶高铬铸铁中含有大量的粗大初生碳化物，其特点是耐磨性好、韧性低，适用于这种低应力磨损的工况。碳化物作为合金中的抗磨骨架，一方面阻止和抵御磨料在工件上的

切削、磨损；另一方面保护基体，避免受到磨料的损伤。过共晶高铬铸铁组织中存在大量的初生 M_7C_3 碳化物，初生碳化物的抗磨损能力高于共晶碳化物，因此组织中存在一定量的初生 M_7C_3 碳化物对材料的耐磨性是有必要的。但是初生 M_7C_3 碳化物的相对尺寸粗大，在面对磨料冲击的情况下，容易发生断裂，无法发挥初生碳化物优良的耐磨性。细化初生碳化物，减少磨损过程中的断裂，有利于提高合金的耐磨性。另外，初生 M_7C_3 碳化物的两端存在尖端，对基体的割裂大，不利于材料韧性的提高。所以改善过共晶高铬铸铁的性能首先要改善初生碳化物的形貌。目前的文献资料表明单独添加钛或铌元素对过共晶高铬铸铁的初生碳化物有良好的细化作用[68-72]，但是通过多组元复合添加钛和铌的研究还是很少，Filipovic 等人[73]认为在含铌过共晶高铬铸铁中添加钛元素有利于细化初生 M_7C_3 碳化物，提高合金的韧性，并且组织中碳化钛可以改善碳化铌的形貌，推测是碳化钛作为碳化铌的异质形核核心作用的结果，因此改善了碳化铌的形貌和分布，但是并未对碳化物的细化机理和（Nb,Ti)C 复合碳化物的形成过程及结构进行分析和讨论。本节的实验研究铌对含钛过共晶高铬铸铁组织和性能的影响，并对（Nb,Ti)C 复合碳化物的形成机理、结构形式和 M_7C_3 碳化物的细化机理进行分析和研究。

4.3.1　铸态显微组织

表 4-1 是过共晶高铬铸铁合金的化学成分。图 4-4 是合金 2-1 和合金 2-2 的铸态金相组织，如图所示，在含钛过共晶高铬铸铁的基础上添加铌，初生碳化物和共晶碳化物都明显细化，初生碳化物的尖端出现明显的钝化。组织中最长的初生碳化物从合金 2-1 的 272μm 细化至合金 2-2 的 100μm，并且初生 M_7C_3 碳化物的

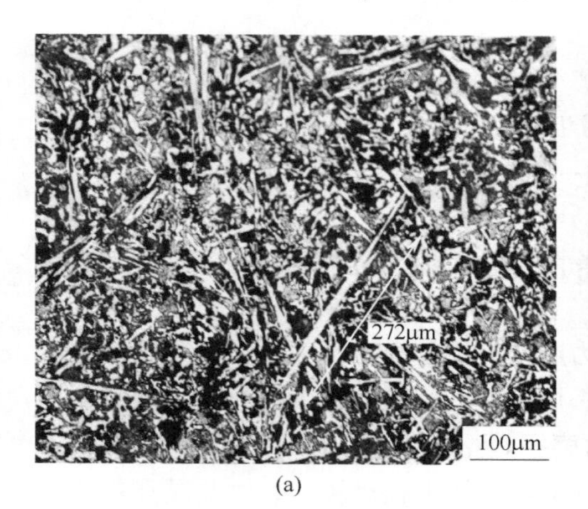

(a)

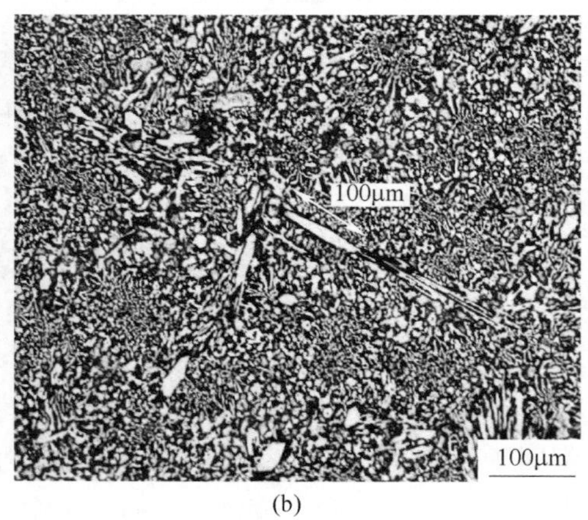

(b)

图 4-4　合金 2-1 和合金 2-2 的铸态金相组织

（a）合金 2-1；（b）合金 2-2

总量有一定减少，但是组织中整体碳化物总量相当，区别不大。利用 Leica 光学显微镜的对比分析软件，得出初生碳化物的含量从合金 2-1 的 18.6%减少到合金 2-2 的 8.8%。

表 4-1 过共晶高铬铸铁合金的化学成分（质量分数） （%）

合金	C	Si	Mn	Cr	Mo	Ti	Nb
2-1	3.1	1.2	0.8	20.0	1.0	1.0	0
2-2	3.1	1.2	0.8	20.0	1.0	1.0	2.0

图 4-5 是合金 2-1 和合金 2-2 的铸态 SEM 组织，如图所示，通过铌合金化后，初生碳化物和共晶碳化物都明显细化，这与金相观察结果一致。另外，电镜分析提供了更多的组织信息，如合金 2-1 的共晶基体组织中包含珠光体组织（点 *A*）

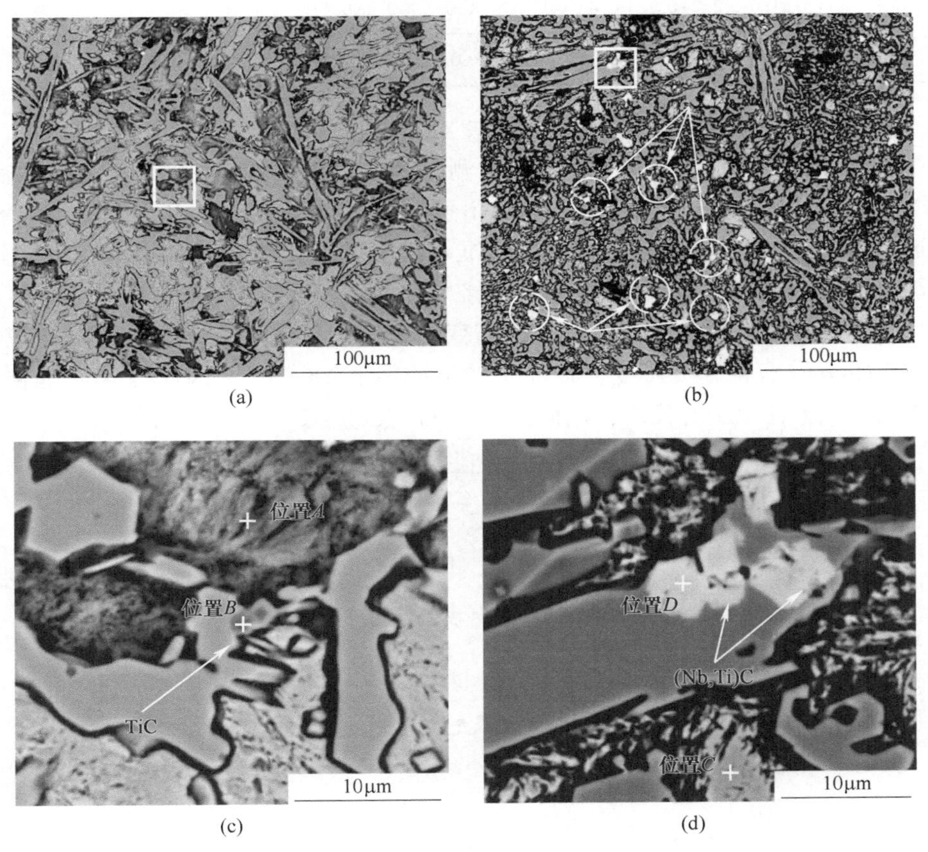

图 4-5 合金 2-1 和合金 2-2 的铸态 SEM 组织
（a）（c）合金 2-1；（b）（d）合金 2-2

和残余奥氏体两种相，而合金2-2的共晶基体以残余奥氏体（点 *C*）为主。表4-2是图4-5中不同物相的成分组成，由表可知，合金2-2中珠光体的碳含量（11.3%）远远高于合金2-1中残余奥氏体的碳含量（1.6%）。另外，合金2-2出现了一种新的衬度明显不同的亮白色化合物（点 *D*），由表4-2可知，该相为（Nb,Ti）C复合碳化物，由成分比例推测其化学式为（$Nb_{0.8}Ti_{0.2}$）C。点 *B* 的成分分析可推断该相为TiC相，其分布在初生 M_7C_3 碳化物的内部。

表4-2 图4-5中不同位置的化学成分（原子数分数） （%）

位置	C	Si	Mn	Cr	Mo	Ti	Nb	Fe
A	1.6±0.1	2.9±0.1	0.4±0.05	12.1±0.5	0.3±0.1	—	—	余量
B	48.1±2.0	—	—	2.5±0.2	0.3±0.1	49.2±2.0	—	余量
C	11.3±1.0	2.2±0.1	0.4±0.05	11.8±0.5	0.3±0.1	—	—	余量
D	48.5±2.0	—	—	0.3±0.1	0.6±0.1	10.1±1.0	40.5±0.1	余量

图4-6是合金2-1和合金2-2的铸态XRD图谱，如图所示，铌合金化后，合金2-2组织中出现了NbC的衍射峰，推测是图4-5中的（Nb,Ti）C复合碳化物。从XRD的衍射图谱分析可知，NbC的衍射峰出现在34.86°和40.52°两个位置，而通过对应的PDF卡片得知NbC的标准峰值应该出现在34.73°和40.32°位置。可能是因为Ti原子替代了部分NbC晶格中的Nb原子，形成了（Nb,Ti）C复合碳化物，在晶格中形成了一定的晶格畸变，改变了晶面间距（*d*）。根据布拉格公式 $2d\sin\theta=\lambda$，由于 λ 不变，Ti原子的半径小于Nb原子，因此当NbC晶格中的Nb原子被Ti原子替代后，晶面间距（*d*）会减小。所以当 *d* 值减小时，θ 角

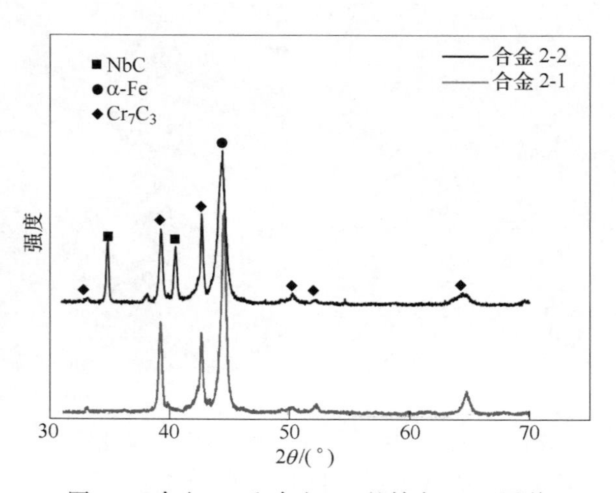

图4-6 合金2-1和合金2-2的铸态XRD图谱

增大。由于 TiC 和 NbC 具有相同的晶体结构，均为面心立方结构（FCC），所以原子置换还是容易发生。

图 4-7 是通过热力学软件 Thermo-Calc Software（Fe7）计算的合金 2-1 和合金

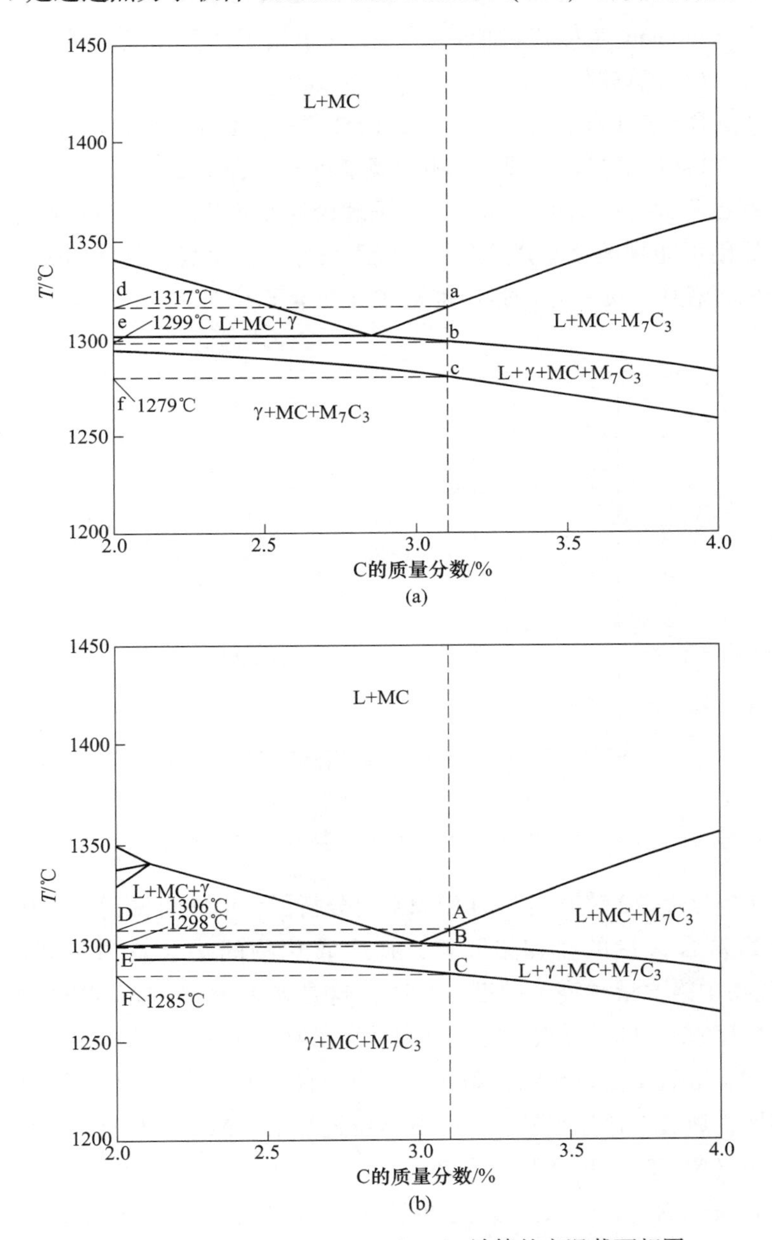

图 4-7 Thermo-Calc Software（Fe7）计算的变温截面相图

（a）Fe-3. 1C-20Cr-1. 2Si-0. 8Mn-1. 0Mo-1. 0Ti；（b）Fe-3. 1C-20Cr-1. 2Si-0. 8Mn-1. 0Mo-1. 0Ti-2. 0Nb

2-2 组分的变温截面。Thermo-Calc 软件是 Thermo-chemical Databank for equilibrium and phase diagram calculations 的缩写，是一个很具有代表性的计算相图软件，该软件基于 CALPHAD 方法，由瑞典 Thermo-Calc Software 公司研制开发，瑞典皇家工学院的 B. Sandman 等人编写而成[50]，是一个用于计算相变、相图、化学势和相平衡的热力学计算软件[74]。

图 4-8 是合金 2-1 和合金 2-2 铸态的 DSC 曲线。合金 2-1 和合金 2-2 的共晶反应温度都在 1268℃左右。从图 4-7 相图观察可知，合金 2-1 和合金 2-2 的共晶反应温度差别也不大，在 1298℃左右。相图理论计算的共晶反应温度高于实验测试的温度，原因可能是理论计算是在平衡凝固条件下，而实验测试的是非平衡凝固条件，凝固过程中需要一定的过冷度造成其产生了差值。

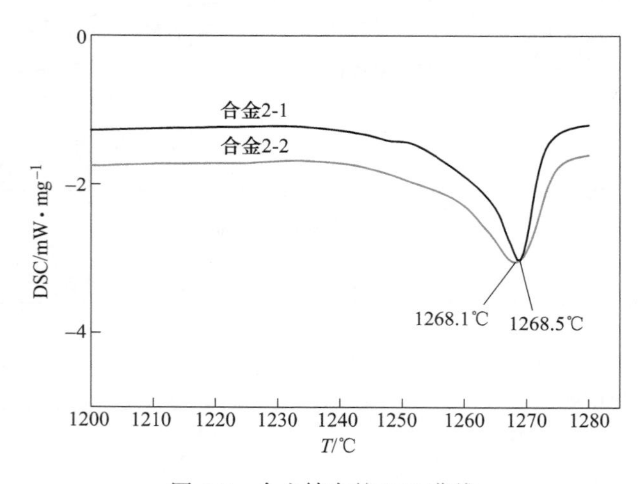

图 4-8　合金铸态的 DSC 曲线

图 4-9 是合金 2-2 铸态组织的 EPMA 面分析图，由图可知，初生碳化物和共晶碳化物都富含大量的碳和铬元素，初生碳化物的铬含量高于共晶碳化物，M_7C_3 碳化物中铬含量越高，硬度就越高，这是初生 M_7C_3 碳化物的硬度高于共晶 M_7C_3 碳化物的原因。其次，铌元素和钛元素富集在一起，共同形成（Nb,Ti)C 复合碳化物，形貌主要以粒状、条状和多边形状为主。图 4-9（c）中可以看到大量的贫铬区，通过对比位置发现这些贫铬位置都是（Nb,Ti)C 复合碳化物的形成位置，说明（Nb,Ti)C 碳化物不含铬。

图 4-10 是（Nb,Ti)C 复合碳化物的 EPMA 面分析图，如图所示，（Nb,Ti)C 复合碳化物的铌元素呈均匀分布，而钛元素的浓度呈梯度式分布；从碳化物的中间向边缘位置，浓度逐渐递减。而且（Nb,Ti)C 复合碳化物基本不含铬。

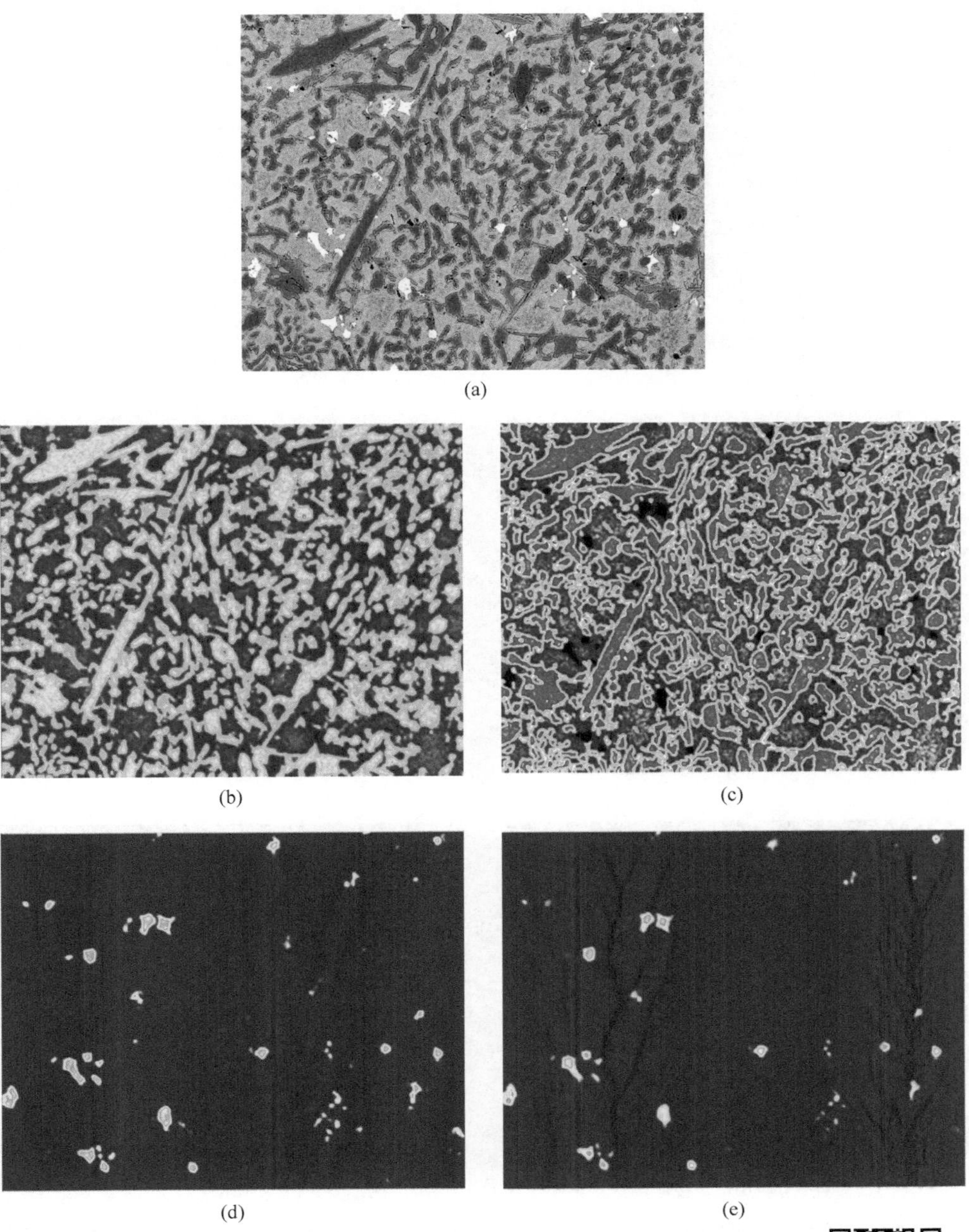

图 4-9 合金 2-2 铸态组织的 EPMA 面分析图

（a）背散射组织形貌；（b）C 元素分布；（c）Cr 元素分布；（d）Nb 元素分布；（e）Ti 元素分布

图 4-9 彩图

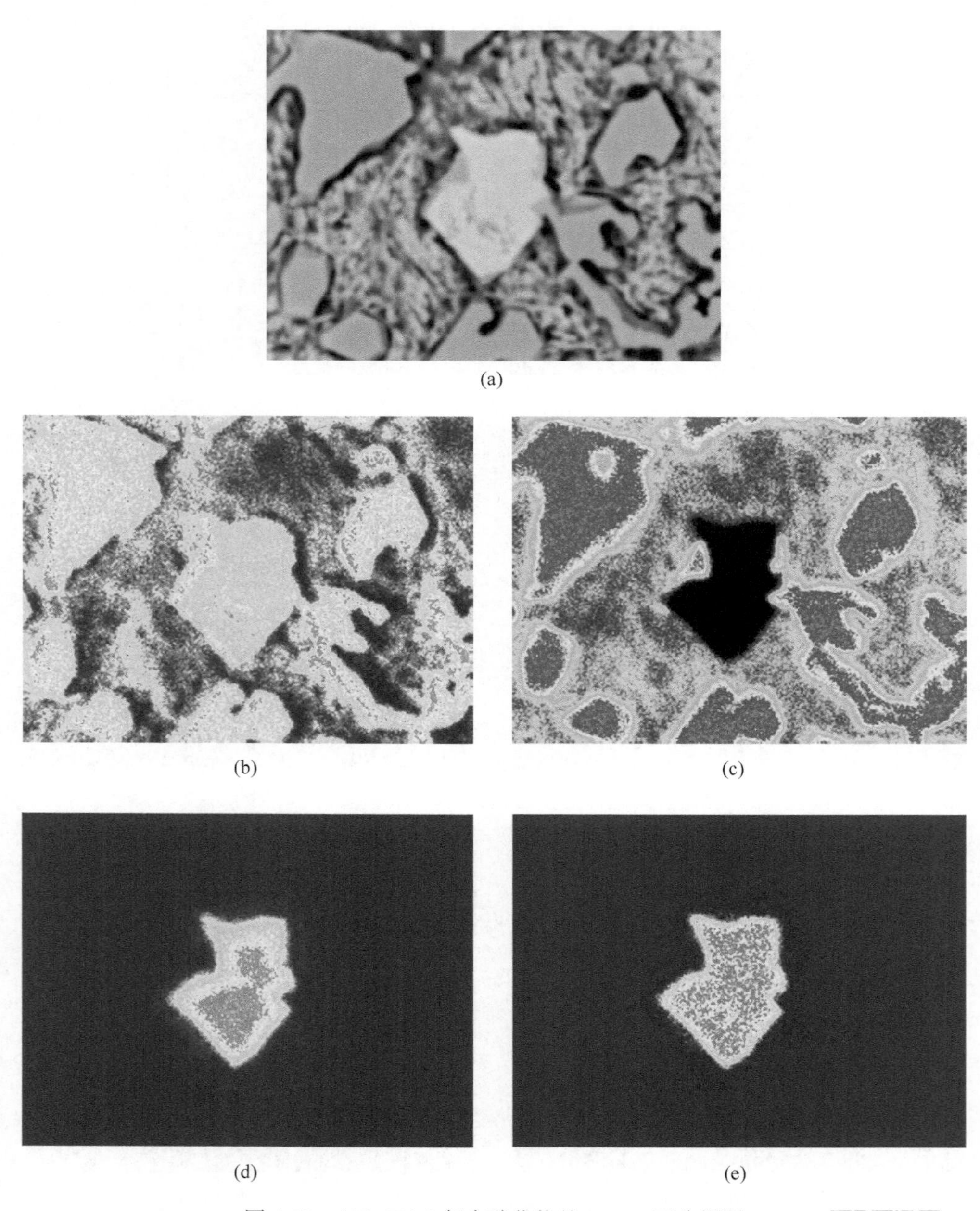

图 4-10 (Nb,Ti)C 复合碳化物的 EPMA 面分析图
(a) 组织形貌；(b) C 元素的分布；(c) Cr 元素的分布；
(d) Ti 元素的分布；(e) Nb 元素的分布

图 4-10 彩图

4.3.2 热处理态显微组织

图 4-11 是 1000℃保温 2h 合金的 SEM 组织形貌，由图可知，初生碳化物、共晶碳化物和（Nb,Ti)C 碳化物在脱稳热处理过程中基本未发生变化。合金 2-1 和合金 2-2 的碳化物之间的共晶基体分布着大量的二次碳化物，基体已经转变成马氏体组织。相对于合金 2-2，合金 2-1 的共晶基体析出的二次碳化物的密度更大、尺寸也更大，并且存在大量的亚晶界，亚晶界上析出的碳化物较其他区域的二次碳化物更粗大。

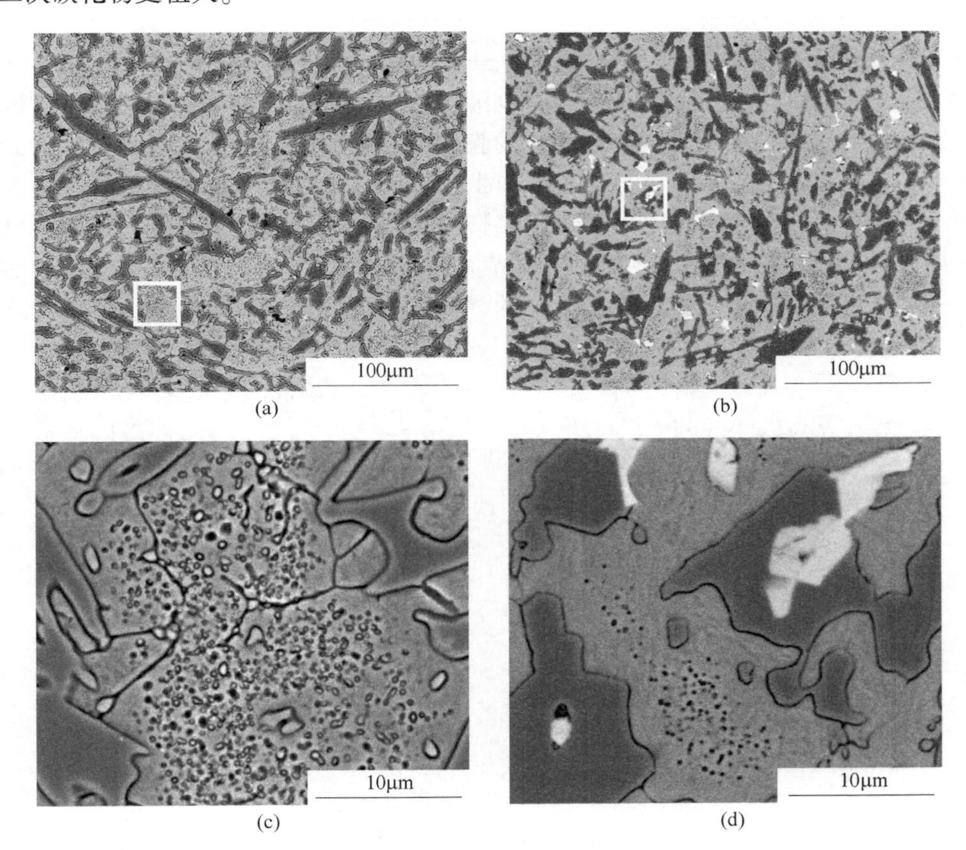

(a) (b) (c) (d)

图 4-11 1000℃保温 2h 合金的 SEM 组织形貌
（a）（c）合金 2-1；（b）（d）合金 2-2

4.3.3 力学性能和磨损性能

表 4-3 为合金 2-1 和合金 2-2 热处理态的力学性能和磨损性能数据。热处理工艺是 1000℃保温 2h 后空冷至室温，再在 200℃保温 3h。由表 4-3 可知，合金

2-2 的洛氏硬度（63. 5HRC）高于合金 2-1（60. 8HRC），而合金 2-2 共晶基体的维氏硬度（878HV）却低于合金 2-1（920HV）。合金 2-2 的冲击韧性和耐磨性都高于合金 2-1。合金 2-2 的冲击韧性为 5. 2J/cm²，高于合金 2-1 的 3. 8J/cm²。合金 2-2 的磨损失重为 0. 23g，低于合金 2-1 的 0. 35g。

表 4-3　合金 2-1 和合金 2-2 的力学性能和磨损性能

合金	基体维氏硬度（HV）	洛氏硬度（HRC）	冲击韧性 /J · cm^{-2}	磨损失重 /g
2-1	920±10	60. 8±1	3. 8±0. 4	0. 35±0. 05
2-2	878±10	63. 5±1	5. 2±0. 4	0. 23±0. 05

图 4-12 是合金的冲击断口形貌，如图所示，合金 2-1 和合金 2-2 的冲击断口形貌均属于脆性断裂，均存在大量的脆性断裂解离面，仅仅在局部位置看到由共晶基体撕裂导致的韧性区。从断口上可以看出组织中大量的光滑脆性解离面（如箭头所示）是由初生 M_7C_3 碳化物的脆性断裂造成的。这种光滑的脆性解离面是裂纹沿着基体—初生碳化物界面扩展的结果[75]。合金 2-2 的初生碳化物尺寸更短、数量更少，因此光滑的解离断裂面更短、数量更少，因此合金 2-2 的韧性更好。

(a)

(b)

图 4-12　合金的冲击断口形貌

（a）合金 2-1；（b）合金 2-2

图 4-13 是合金经磨损实验后样品表面的组织形貌。实验条件是在载荷为 100N 条件下磨损 25min，转速为 240r/min，共计 6000r。由图 4-13 中的二次电子成像的图片对比可以看出，合金 2-1 和合金 2-2 经过磨损后均出现了大量磨损坑（pitting）和磨料犁削造成的磨痕（grooves）。与合金 2-2 相比，合金 2-1 的磨损坑更大、更深，破损更严重，并且出现了剥离和脱落，磨料犁削造成的磨痕也更深。

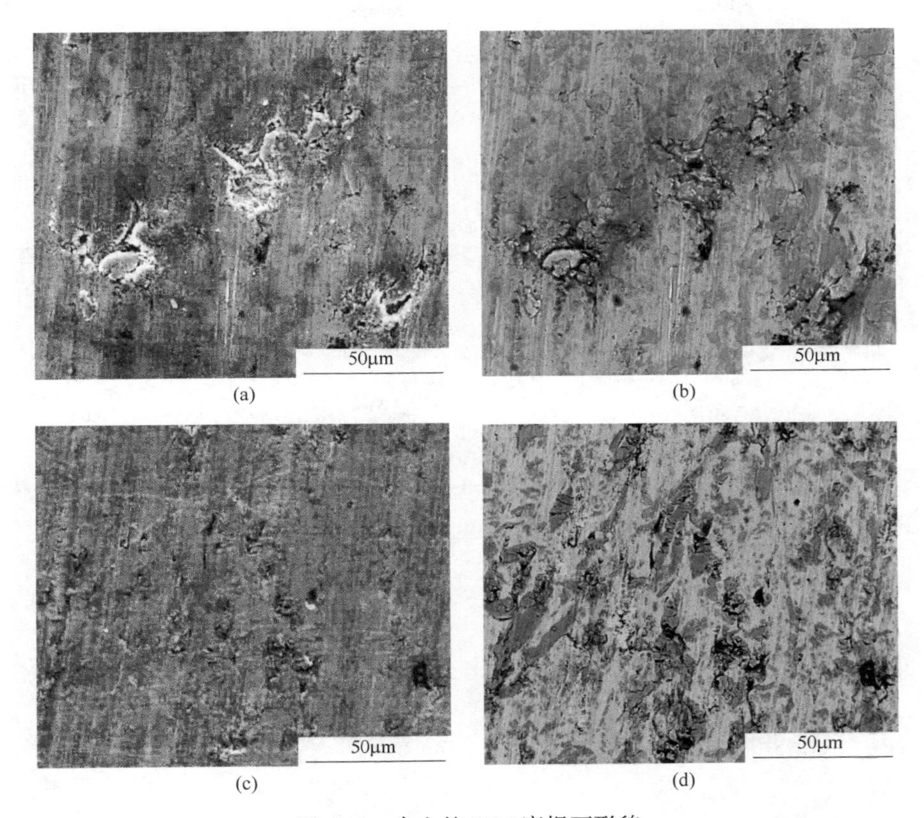

图 4-13 合金的 SEM 磨损面形貌

（a）合金 2-1 的二次电子成像；（b）合金 2-1 的背散射电子成像

（c）合金 2-2 的二次电子成像；（d）合金 2-2 的背散射电子成像

从图 4-14 的背散射电子成像的图片对比可以看出，磨损坑主要发生在初生碳化物位置，初生碳化物已经被磨碎，接近于脱落，而犁削导致的磨痕主要集中在基体位置。图 4-15 是初生碳化物和共晶碳化物的磨损形貌，如图所示，初生碳化物的破损程度比共晶碳化物更严重。初生碳化物的内部和周边上出现了大量的裂纹，初生碳化物的内部由于磨料磨损已经出现了大量裂纹，部分碳化物已经脱落，碳化物与基体之间出现裂纹、松动，开始与基体逐渐剥离。而共晶碳化物的裂纹明显减少很多，并且与基体之间紧密连接，未出现松开、剥离的现象。

4.3.4 铌和钛在高铬铸铁中的存在形式及作用

4.3.4.1 细化 M_7C_3 碳化物

由上述分析可知，在含钛过共晶高铬铸铁中添加 2.0%（质量分数）的铌，组织中的初生碳化物的尺寸从 272μm 细化至 100μm，初生碳化物的含量

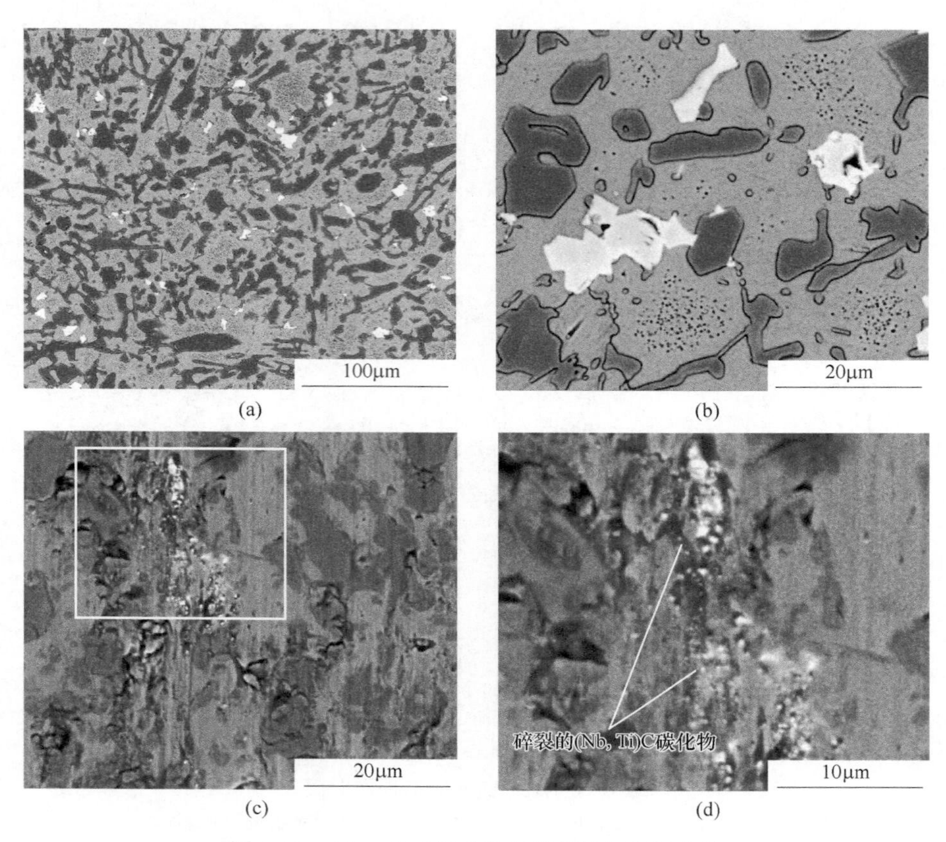

(a)　(b)
(c)　(d)

图 4-14　(Nb,Ti)C 碳化物经磨损后的组织形貌

(a)(b)磨损前的(Nb,Ti)C 碳化物形貌；(c)(d)磨损后的(Nb,Ti)C 碳化物形貌

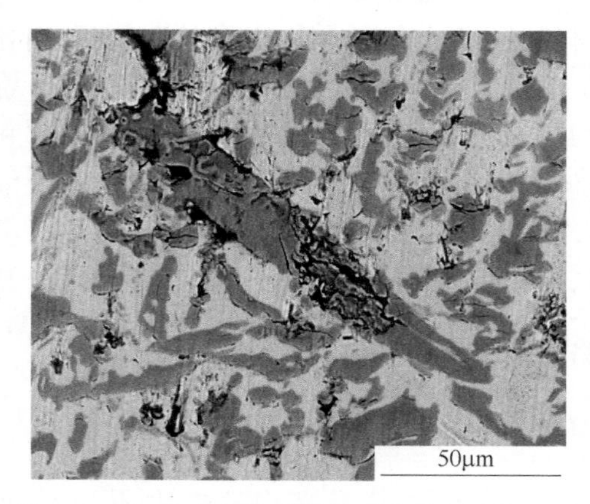

图 4-15　初生碳化物和共晶碳化物的磨损形貌

从 18.6%减少到 8.8%。初生碳化物含量的减少是因为铌的添加造成了初生 M_7C_3 碳化物相区范围的减小。从根本上讲是铌的添加消耗了合金中的碳来形成（Nb,Ti)C 碳化物，减少了初生碳化物需要的碳供给，因此减少了初生碳化物的含量。

初生 M_7C_3 碳化物和共晶 M_7C_3 碳化物的细化是先形成的（Nb,Ti)C 碳化物作为后续形成的 M_7C_3 碳化物异质形核核心作用的结果。根据 Turnbull 的经典错配度理论模型[76]来计算（Nb,Ti)C 复合碳化物与 M_7C_3 碳化物的晶格错配度，进一步分析（Nb,Ti)C 复合碳化物作为 M_7C_3 碳化物异质形核核心的可能性。

(Nb,Ti)C 复合碳化物是面心立方结构（FCC），M_7C_3 碳化物是密排六方结构。根据文献［77］可知，最有可能的形核面是 M_7C_3 碳化物的（011）面和（Nb,Ti)C 碳化物的（110）面。(Nb,Ti)C 复合碳化物的化学式是 $Nb_{0.8}Ti_{0.2}C$。根据相关的文献数据[78-81]，得到了 $Nb_{0.8}Ti_{0.2}C$ 碳化物和 M_7C_3 碳化物的晶格参数。图 4-16 是（Nb,Ti)C 碳化物和 M_7C_3 碳化物的晶格匹配关系图。晶格错配度利用式（4-1）计算得出，具体数据如表 4-4 所示。

$$\delta_{(hkl)_n}^{(hkl)_s} = \sum_{i=1}^{3} \frac{\dfrac{\left| d_{[uvw]_s^i}\cos(\theta) - d_{[uvw]_n^i} \right|}{d_{[uvw]_n^i}}}{3} \times 100\% \qquad (4\text{-}1)$$

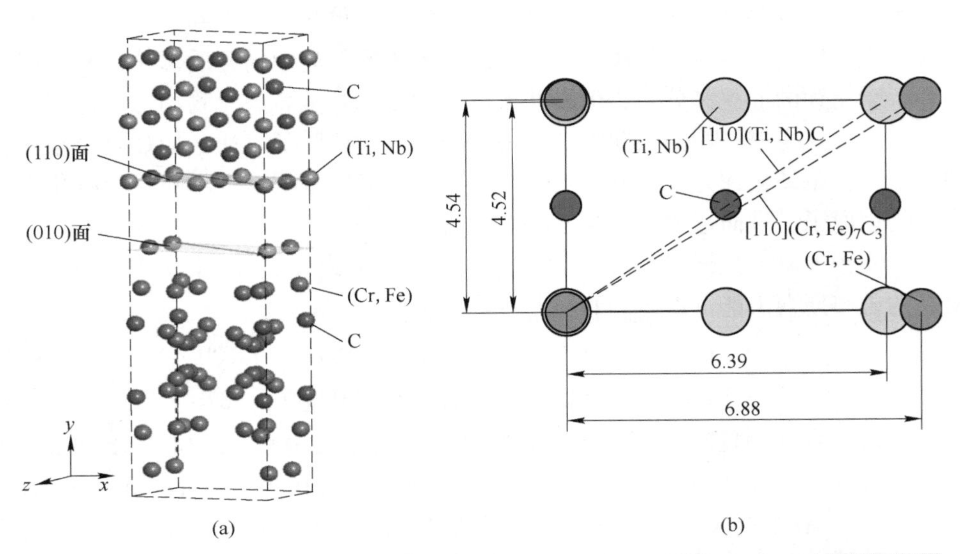

图 4-16 （Nb,Ti)C 碳化物和 M_7C_3 碳化物晶格匹配关系图

（a）晶格匹配关系示意图；

（b）（Nb,Ti)C 的（110）面在 M_7C_3 的（001）面的投影图

图 4-16 彩图

表 4-4　$(Nb,Ti)C$ 和 M_7C_3 的晶格参数与晶格错配度

结果	$(110)_{Nb_{0.8}Ti_{0.2}C}//(010)_{M_7C_3}$		
$[uvw]_{Nb_{0.8}Ti_{0.2}C}$	[100]	[010]	[110]
$[uvw]_{M_7C_3}$	[100]	[010]	[110]
$\theta/(°)$	0	0	2.40
$d_{Nb_{0.8}Ti_{0.2}C}/nm$[80]	0.452	0.639	0.783
$d_{M_7C_3}/nm$[49]	0.454	0.688	0.824
$\delta/\%$	4.18		

根据 Bramfitt 对于错配度与形核可能性的标准[82]，当错配度 δ 低于 6%，异质形核最有效；当错配度 δ 在 6%～12%，异质形核有一定的可能性存在；当错配度 δ 大于 12%，异质形核的可能性很低。由表 4-4 可知，M_7C_3 碳化物和（Nb，Ti)C 碳化物的晶格参数错配度 δ 仅为 4.18%，满足有效形核的标准（小于 6%）。因此推测（Nb,Ti)C 碳化物可以作为后续形成的 M_7C_3 碳化物的有效异质形核核心。

4.3.4.2　(Nb,Ti)C 复合碳化物的形成机理

Filipovic 等人[73]研究了添加钛对含铌高铬铸铁组织和性能的影响。研究结果表明在含铌过共晶高铬铸铁中加钛，碳化铌的形貌和分布得到了改善，推测是因为碳化钛优先在熔体中形成，并作为后续形成的碳化铌的异质形核核心，因此改善了碳化铌的形貌和分布，但是并未对（Nb,Ti)C 复合碳化物的形成过程进行讨论和验证。本书利用实验观察和热力学分析方法证明了（Nb,Ti)C 复合碳化物的形成过程是碳化铌先于碳化钛在熔体中形成，随后是钛原子不断置换碳化铌晶格中的铌原子，进而形成了（Nb,Ti)C 复合碳化物。

查阅相关研究数据[49,80]，分别由式（4-2）和式（4-3）计算液相中 TiC 和 NbC 的吉布斯自由能（ΔG^{l}_{NbC}和 ΔG^{l}_{TiC}）：

$$[Ti] + [C] = TiC(s),\quad \Delta G^{l}_{NbC} = -189110 + 100.44T \tag{4-2}$$

$$[Nb] + [C] = NbC(s),\quad \Delta G^{l}_{TiC} = -219000 + 38T \tag{4-3}$$

在式（4-2）和式（4-3）中代入高铬铸铁的熔点温度 1773K[83]，可知 TiC 和 NbC 的吉布斯自由能（ΔG^{l}_{TiC}和 ΔG^{l}_{NbC}）分别是 -11029.88J/mol 和 -151626J/mol。可知在液相中 NbC 的吉布斯自由能低于 TiC，说明 NbC 在液相中具有更高的形核驱动力，因此推测 NbC 优先在液相中形成。在随后的复合粒子形成过程中，Ti 原子又不断置换 NbC 晶格中的 Nb 原子，形成了（Nb,Ti)C 复合碳化物。从图 4-10 可知，在（Nb,Ti)C 复合碳化物中，铌元素呈均匀分布，钛元素呈梯度式分布，从碳化物中心位置向边缘位置浓度不断降低，因此推测在（Nb,Ti)C

复合碳化物的形成初期，在 NbC 晶格中，Ti 原子置换 Nb 原子容易些，因此在中心的钛浓度高，随着原子置换的不断进行，晶格畸变不断增加，后期置换变得更为困难，因此钛元素在（Nb,Ti)C 复合碳化物的边缘浓度相对较低，浓度呈梯度式分布，由内向外依次递减。

4.3.5 铌、钛元素对高铬铸铁性能的影响机理

在含钛过共晶高铬铸铁中添加 2.0%（质量分数）的铌，合金硬度从 60.8HRC 提高到 63.5HRC，合金的冲击韧性从 3.8J/cm^2 提高到 5.2J/cm^2，磨损失重从 0.35g 降低为 0.23g。铌合金化后的合金组织中形成了大量的高硬度的（Nb,Ti)C 复合碳化物（2400~2600HV），高硬度的（Nb,Ti)C 复合碳化物提高了合金的硬度。过共晶高铬铸铁的冲击韧性主要取决于碳化物的形貌、含量和尺寸等特征，特别是初生碳化物对韧性的影响更加重要，因为与共晶碳化物相比，初生碳化物的尺寸更大，形貌呈针状贯穿整个组织，对基体的割裂程度大，一旦遇到冲击应力，裂纹很容易在初生碳化物的尖端位置萌生并迅速扩展到整个组织，造成合金的断裂，而共晶碳化物相对细小，碳化物之间被基体隔开，对韧性的危害比初生碳化物小。铌合金化后，初生碳化物明显细化，其含量也从 18.6%减少到 8.8%，并且初生碳化物的尖端出现了钝化现象，因此合金的冲击韧性提高了 37%。

铌合金化的合金经磨料磨损实验后，组织中的初生碳化物断裂程度更轻，磨料犁削造成的基体磨痕更浅。根据 Kusumoto[84] 的磨损理论，碳化物在磨损过程中承担其耐磨骨架的作用，并且碳化物硬度越高，对基体的支撑作用就越好。铌合金化后组织中的碳化物有 3 种，即初生 M_7C_3 碳化物、共晶 M_7C_3 碳化物、(Nb,Ti)C 碳化物，其碳化物硬度由高到低依次为（Nb,Ti)C 碳化物硬度>初生 M_7C_3 碳化物硬度>共晶 M_7C_3 碳化物硬度。由图 4-14 可知，磨损前的整块亮白色的（Nb,Ti)C 碳化物在磨损后沿磨损方向呈碎粒状分布。这是因为在磨损过程中，(Nb,Ti)C 碳化物硬度最高，优先承担磨料的磨损，减轻了磨料对初生碳化物和基体的磨损，因此初生碳化物的断裂程度更轻，不含铌的合金在磨损过程中初生碳化物直接承受磨料的磨损，由于其尺寸粗大、脆性大，在磨损后碳化物中出现了大量的裂纹和脱落，破碎程度大，磨损失重也更大。如图 4-15 所示，与共晶碳化物相比，初生碳化物的破碎程度更严重，这是初生碳化物比共晶碳化物硬度更高的结果，侧面证明了高硬度碳化物对其他相对软的物相的支撑保护作用的磨损机理。图 4-17 是（Nb,Ti)C 碳化物对磨料磨损性能的影响机理图，如图所示，当（Nb,Ti)C 碳化物和 M_7C_3 碳化物共存时，磨损过程中（Nb,Ti)C 碳化物优先受到磨料的磨损而破碎，由于其硬度高，抗磨损能力强，避免了 M_7C_3 碳化物直接承受磨料的磨损，保护了 M_7C_3 碳化物，M_7C_3 碳化物的断裂程度更

轻，M_7C_3 碳化物内部仅仅出现少许裂纹。当组织中没有高硬度的（Nb,Ti)C 碳化物时，磨损过程中 M_7C_3 碳化物直接承担磨料的磨损，由于 M_7C_3 碳化物尺寸粗大，磨损中无法发生塑性变形，在磨料磨损后出现了大量的裂纹，大部分碳化物被破碎、脱落，磨损失重增加[85]。

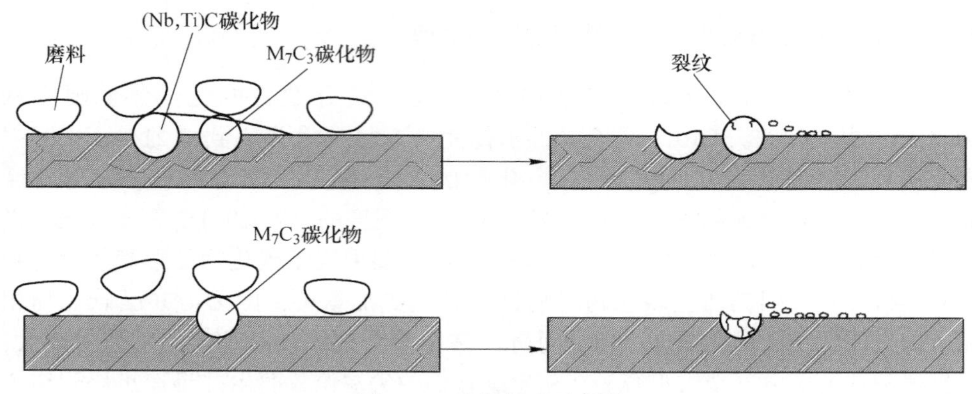

图 4-17　磨损机理示意图

4.4　硅元素对高铬铸铁组织和性能的影响

对于亚共晶高铬铸铁而言，组织中的初生相是奥氏体，碳化物之间被大量的基体隔开，裂纹通过碳化物萌生并扩展时被基体所隔断，因此通过改善基体的性能有利于提高合金的强韧性和耐磨性。高铬铸铁中的硅主要溶入在基体中，硅含量的增加可以细化晶粒、破坏共晶碳化物的连续性，硅含量过高可以使铸态的残余奥氏体向珠光体组织转变[86]。但是上述文献未对铸态奥氏体向珠光体转变的机理进行分析和讨论，也未见关于硅含量对热处理过程中二次碳化物的析出特征和合金的力学性能和耐磨性进行的研究。本节主要研究了硅对亚共晶高铬铸铁组织和性能的影响，重点研究并讨论了硅元素在高铬铸铁中的存在形式及作用机理，揭示了硅含量增加导致高铬铸铁铸态的残余奥氏体向珠光体组织转变的机理，并研究了硅对高铬铸铁在脱稳热处理过程中基体中二次碳化物析出特征的影响。

4.4.1　铸态显微组织

4.4.1.1　金相组织

表 4-5 是亚共晶高铬铸铁合金的化学成分。高铬铸铁中的 M_7C_3 碳化物具有方向性[87]，因此金相显微组织观察分为径向和轴向两个方向。图 4-18 为试块的

取样示意图，观察面分别为 *A* 面和 *B* 面。图 4-19 是合金 1-1 和合金 1-2 的铸态金相组织，如图所示，合金 1-1 的铸态组织主要由残余奥氏体基体和共晶碳化物组成，合金 1-2 的铸态组织主要由珠光体、少量残余奥氏体和共晶碳化物组成。高铬铸铁成分中的硅含量（质量分数）从 0.5%增加到 1.5%，奥氏体晶粒的平均尺寸由 75μm 减小为 35μm。共晶碳化物明显细化，长度方向尺寸从 243μm 细化至 123μm。

表 4-5 合金的实际化学成分（质量分数） （%）

合金	C	Si	Mn	Cr	Mo
1-1	2.81	0.5	0.61	18.1	0.85
1-2	2.82	1.5	0.62	18.2	0.83

4.4.1.2 SEM 和 EPMA 组织

图 4-20 是两种合金铸态的 SEM 组织。如图 4-20（a）所示，合金 1-1 铸态的基体组织主要由残余奥氏体和少量高碳针状马氏体组成，针状马氏体主要分布在奥氏体与共晶碳化物的交界区域。合金 1-2 的铸态基体组织主要以珠光体为主，从高倍的 SEM 组织中可知珠光体组织含有两种组织形貌，分别为片状珠光体和粒状珠光体。其中片状珠光体分布在基体的边缘区域，并且片状珠光体上分布大量的粒状碳化物，而粒状珠光体分布在基体的中心区域[88]。

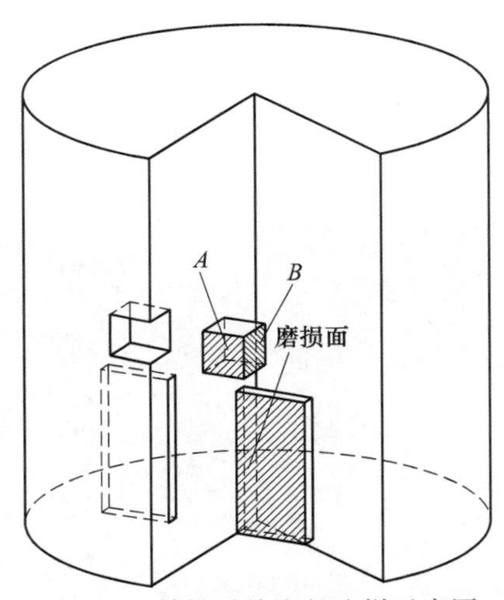

图 4-18 铸锭试块金相取样示意图

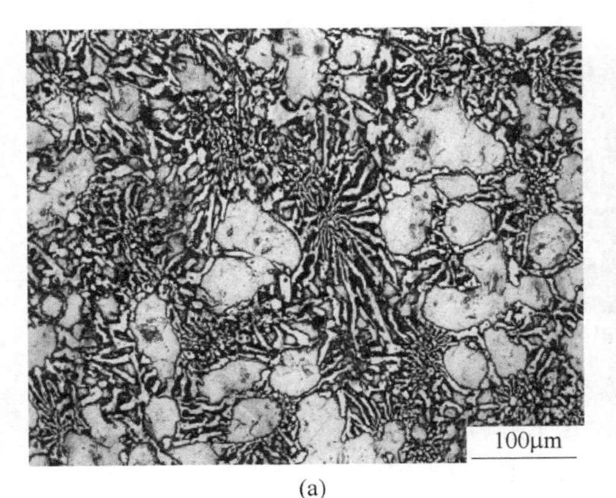

(a)

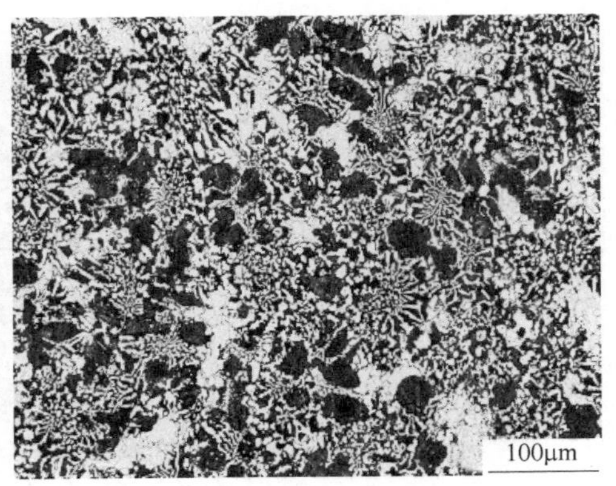

(b)

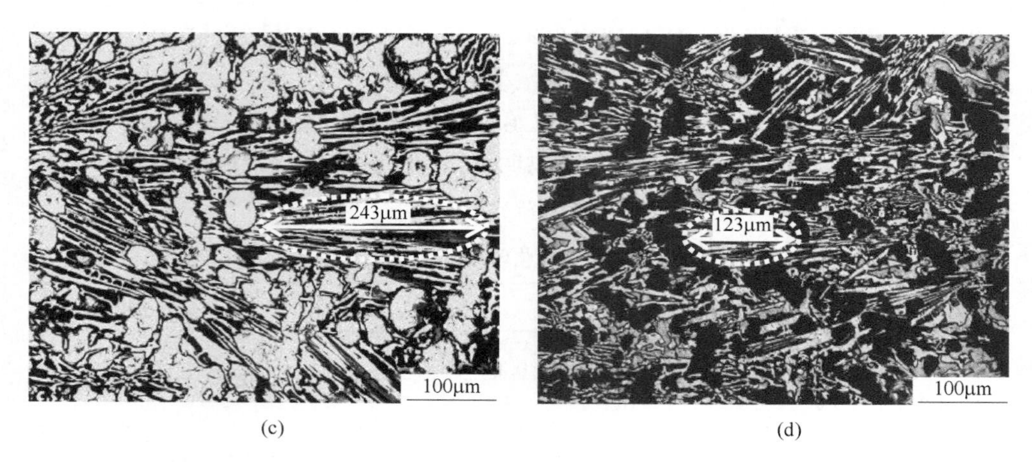

图 4-19　高铬铸铁的铸态金相组织

(a)(b)合金 1-1 和合金 1-2 在 *A* 位置的金相组织；

(c)(d)合金 1-1 和合金 1-2 在 *B* 位置的金相组织

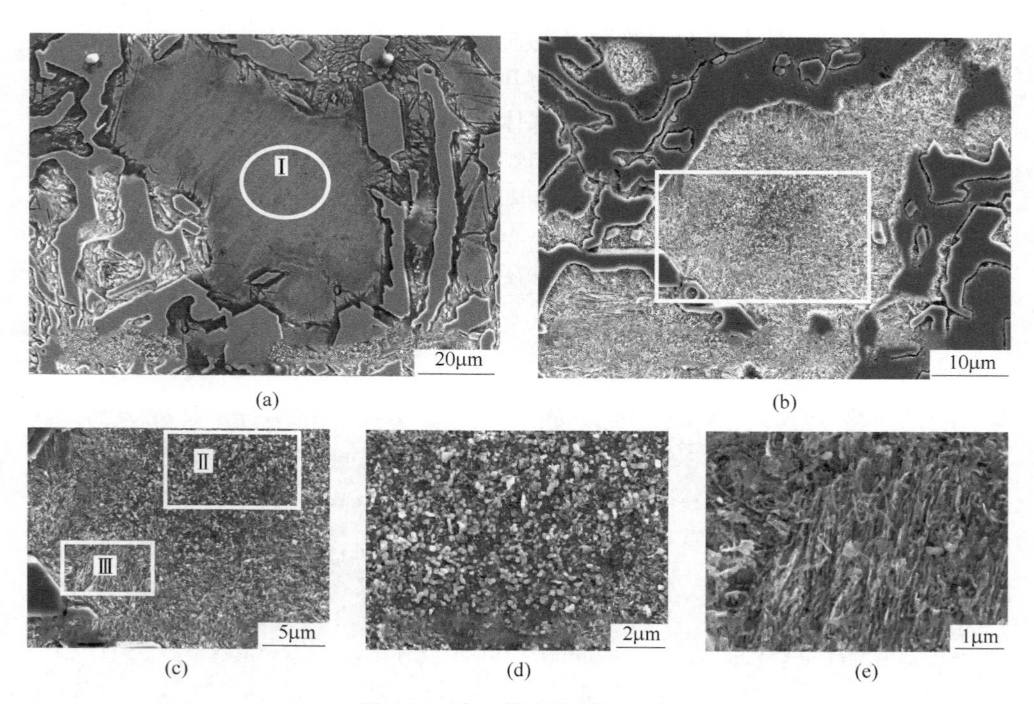

图 4-20　合金铸态的 SEM 组织

(a)合金 1-1；(b)合金 1-2；(c)图 4-20(b)的矩形框放大图；

(d)(e)图 4-20(c)的Ⅱ和Ⅲ区域放大图

图 4-21 是两种合金铸态组织和 C、Si、Cr 元素的 EPMA 面分析图，如图所示，合金 1-1 铸态的基体组织为残余奥氏体和少量马氏体组织，合金 1-2 铸态的基体组织以珠光体为主，并伴随一部分的残余奥氏体。如图 4-21（c）和图 4-21（d）所示，对比合金 1-1 组织中残余奥氏体和合金 1-2 组织中珠光体的碳浓度分布图，可知合金 1-2 组织中珠光体区域的碳浓度远远高于合金 1-1 组织中残余奥氏体区域中的碳浓度。从图 4-21（d）可以看出，当珠光体和残余奥氏体共存时，残余奥氏体的碳浓度远远低于珠光体的碳浓度，同时也低于合金 1-1 中残余奥氏体的碳浓度。本章在后续讨论部分分析组织演变规律及成分浓度差异。从图 4-21（e）和图 4-21（f）可以看出，硅元素不溶于 M_7C_3 碳化物，主要溶于基体中，还有少量偏聚在晶界位置。合金 1-2 组织中基体的硅含量高于合金 1-1。铬元素同时存在于 M_7C_3 碳化物和基体中，碳化物中铬浓度远远高于基体中的铬浓度。合金 1-2 中残余奥氏体的铬浓度远低于珠光体中的铬浓度，同时也远低于合金 1-1 组织中残余奥氏体的铬浓度。

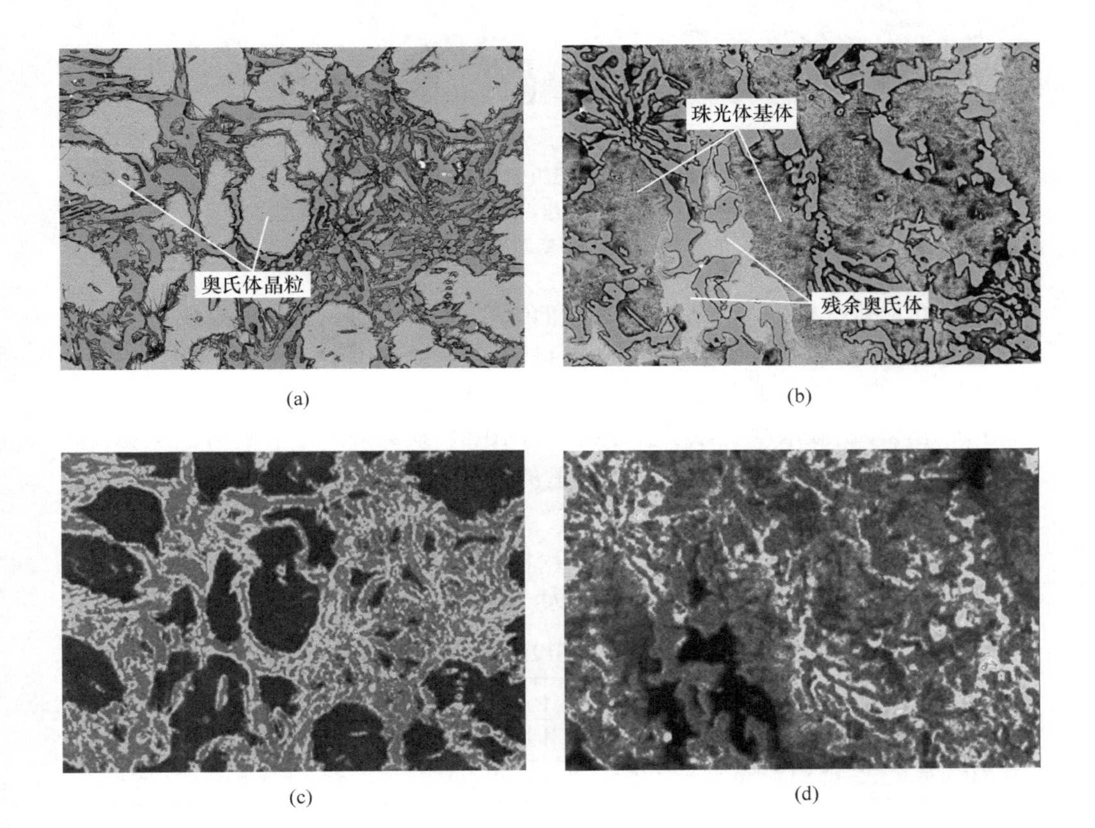

(a) (b)

(c) (d)

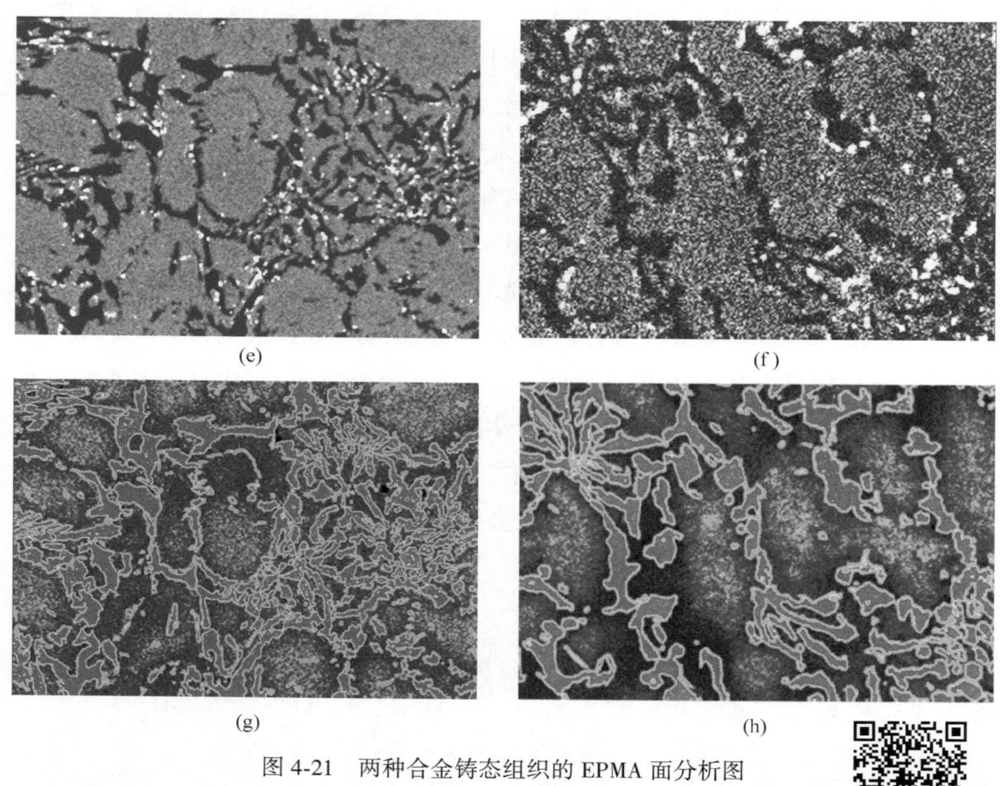

图 4-21 两种合金铸态组织的 EPMA 面分析图
(a)(c)(e)(g)合金 1-1 组织及其 C、Si、Cr 元素分布；
(b)(d)(f)(h)合金 1-2 组织及其 C、Si、Cr 元素分布

图 4-21 彩图

表 4-6 是利用 EPMA 分析合金 1-1 和合金 1-2 基体的化学成分组成，如表所示，合金 1-1 组织中残余奥氏体中的碳含量（3.5%）远低于珠光体的碳含量（10%）。珠光体是共析组织，其平均碳含量（质量分数）为 0.77%，合金 1-2 中珠光体中的碳浓度（原子数分数）为 10%，换算成质量分数为 2.52%，这与珠光体的理论碳含量相差甚远。这里的珠光体实际上是珠光体和二次渗碳体（Fe_3C_{II}）的混合物，具体分析在讨论环节详述。另外，合金 1-2 中珠光体的铬浓度（15%）高于合金 1-1 的残余奥氏体（12%）。其余元素，如锰、铬和钼在两种组织中的浓度基本相当，差距不大。

表 4-6 合金铸态基体组织的成分（原子数分数） （%）

基体	C	Si	Mn	Cr	Mo	Fe
奥氏体基体（合金 1-1）	3.5±0.1	1.3±0.1	0.4±0.05	12±0.5	1.8±0.1	Bal.
珠光体基体（合金 1-2）	10±1.0	2.2±0.1	0.4±0.05	15±0.5	2.0±0.1	Bal.

4.4.1.3 XRD 和 DSC 结果

图 4-22 是两种合金铸态的 XRD 图谱，如图所示，合金 1-1 的铸态相组成是 M_7C_3、Mo_2C 和奥氏体，合金 1-2 的铸态相组成主要是 Fe_3C、$Mo_{12}Fe_{22}C_{10}$、M_7C_3。其中 Fe_3C 是合金 1-2 珠光体组织中铁素体之间的渗碳体层片和分布在珠光体基体上的粒状二次渗碳体。合金 1-2 的 M_7C_3 碳化物的衍射峰比合金 1-1 略高，说明合金 1-2 中 M_7C_3 碳化物的含量高于合金 1-1。

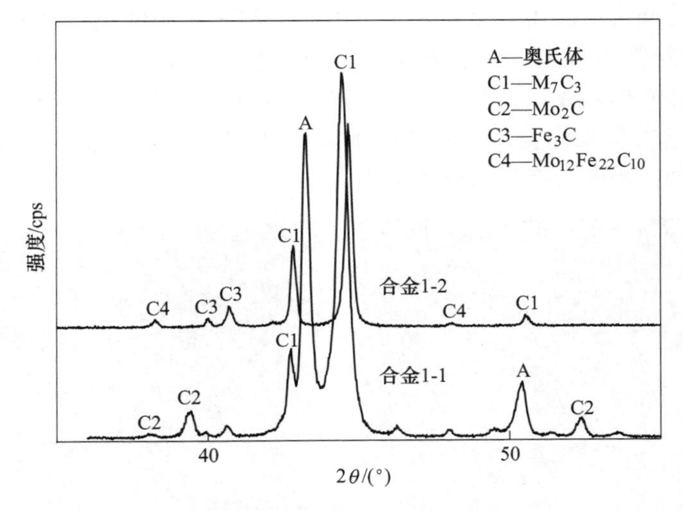

图 4-22 合金铸态的 XRD 图谱

图 4-23 是两种合金的 DSC 曲线，如图所示，合金 1-1 的共晶转变温度为

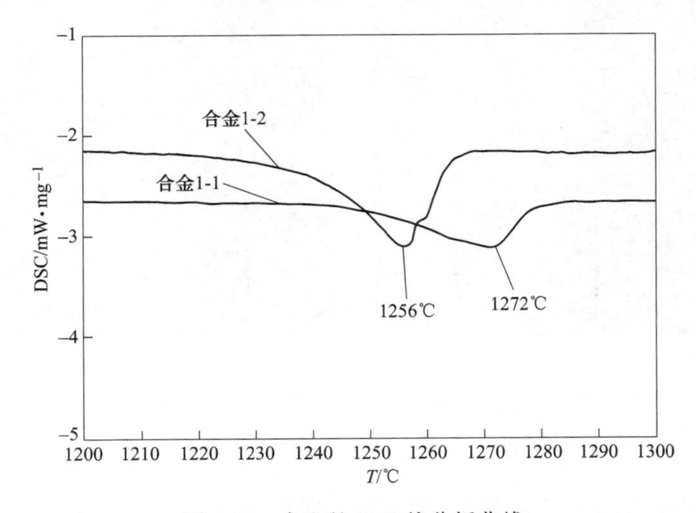

图 4-23 合金的 DSC 热分析曲线

1272℃，合金 1-2 的共晶转变温度为 1256℃。合金 1-2 的共晶转变温度低于合金 1-1 的共晶转变温度。

4.4.2　热处理态组织

图 4-24 是合金 1-1 和合金 1-2 在 950℃ 保温 5min 的基体组织形貌，如图所示，合金 1-1 在 950℃ 保温 5min 时，大量细小的二次碳化物从残余奥氏体基体中开始析出，同时伴随残余奥氏体的分解，但是由于时间短，二次碳化物的析出量有限，大部分残余奥氏体依然被保留了下来。与之不同的是，合金 1-2 在 950℃ 保温 5min 时从基体析出的二次碳化物的析出量大于合金 1-1，对于合金 1-2 来讲，铸态的珠光体基体组织有利于奥氏体化过程中二次碳化物的析出，高温奥氏体在析出大量二次碳化物后，基体中的马氏体相变开始温度（M_s）大大提高，在随后的冷却过程中转变为马氏体组织。

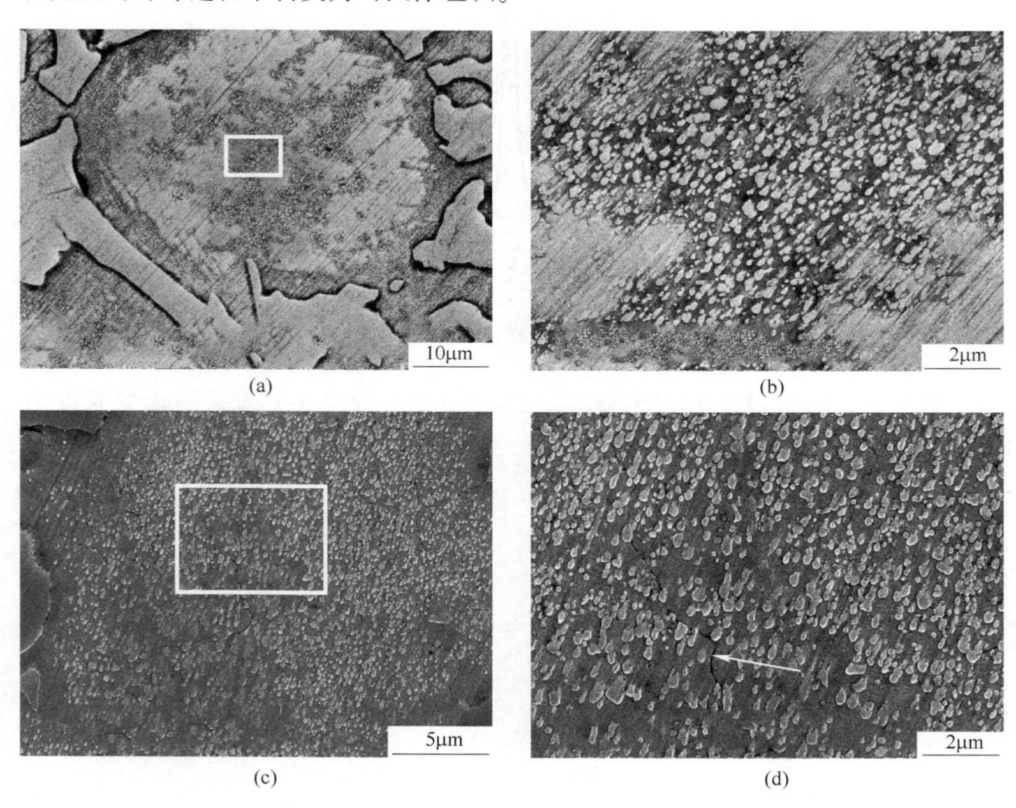

图 4-24　合金基体在 950℃ 保温 5min 的 SEM 组织形貌
（a）（b）合金 1-1；（c）（d）合金 1-2

图 4-25 是合金 1-1 和合金 1-2 在 950℃ 保温 1h 和 14h 的基体组织形貌，如图

所示，在950℃保温1h时，合金1-2基体析出的二次碳化物比合金1-1更细小、分布密度更大，形貌以颗粒状为主，而合金1-2中的二次碳化物则存在部分杆状二次碳化物。为了精确计算二次碳化物颗粒的体积分数，先用Photoshop软件将组织中磨掉的颗粒进行手动轮廓线复原，并将所有的二次碳化物的颜色进行标记，增加基体与二次碳化物颗粒之间的颜色衬度，减少因为Image J软件中阈值的选择导致二次碳化物体积分数的计算误差。经Image J软件分析，二次碳化物的体积分数为35%，合金1-1基体析出的二次碳化物的分布密度更小，含有杆状和粒状两种形貌，体积分数为26%。在保温14h时，合金1-1和合金1-2基体的二次碳化物均有粗化现象，分布密度均有所下降，合金1-1基体分布的二次碳化物的密度依然低于合金1-2。合金1-2的二次碳化物形貌仍以颗粒状为主，并出现少量的杆状二次碳化物，二次碳化物的体积分数为31%。合金1-1中仍然含有杆状和粒状两种形貌的二次碳化物，并且杆状碳化物的比例有所增加，杆状碳化物在长轴方向的尺寸有所增加，碳化物的长宽比进一步加大，体积分数为23%。

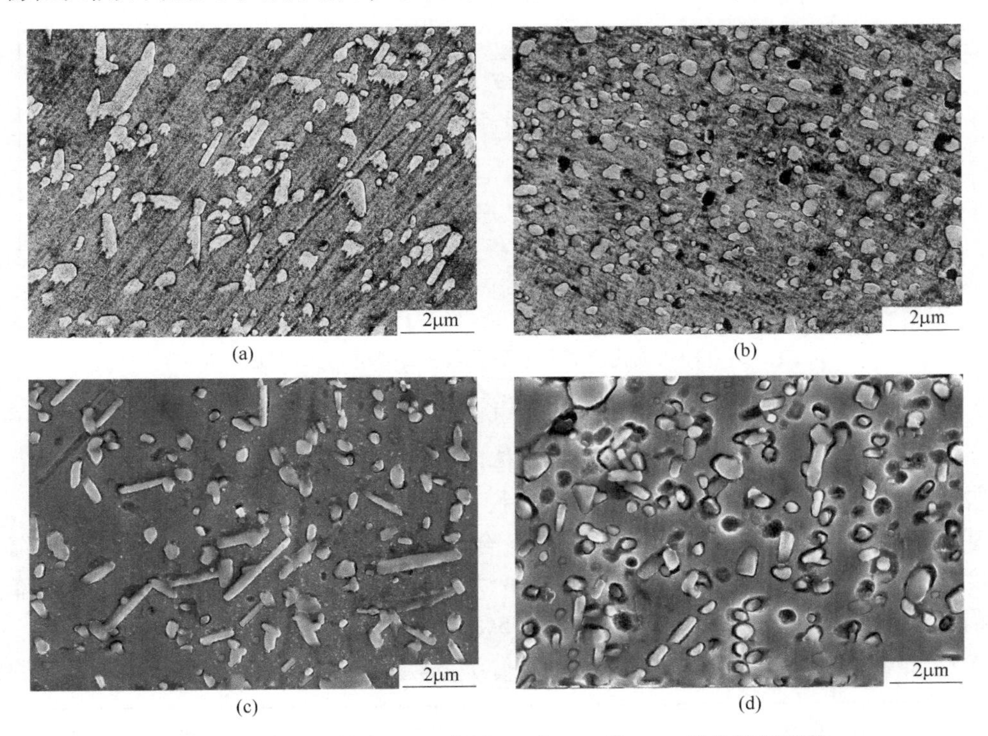

图4-25 合金基体在950℃保温1h和14h的SEM基体组织形貌

（a）（b）合金1-1和合金1-2分别在950℃保温1h；（c）（d）合金1-1和合金1-2分别在950℃保温14h

图4-26是合金1-1中杆状碳化物和合金1-2中粒状碳化物的SEM组织形貌及EDS能谱成分，如图所示，两种碳化物的成分区别主要体现在铁、铬含量不同。

与合金 1-1 组织中的杆状碳化物相比，合金 1-2 组织中的粒状碳化物的铬含量更低、铁含量更高，铬碳比也就更低。

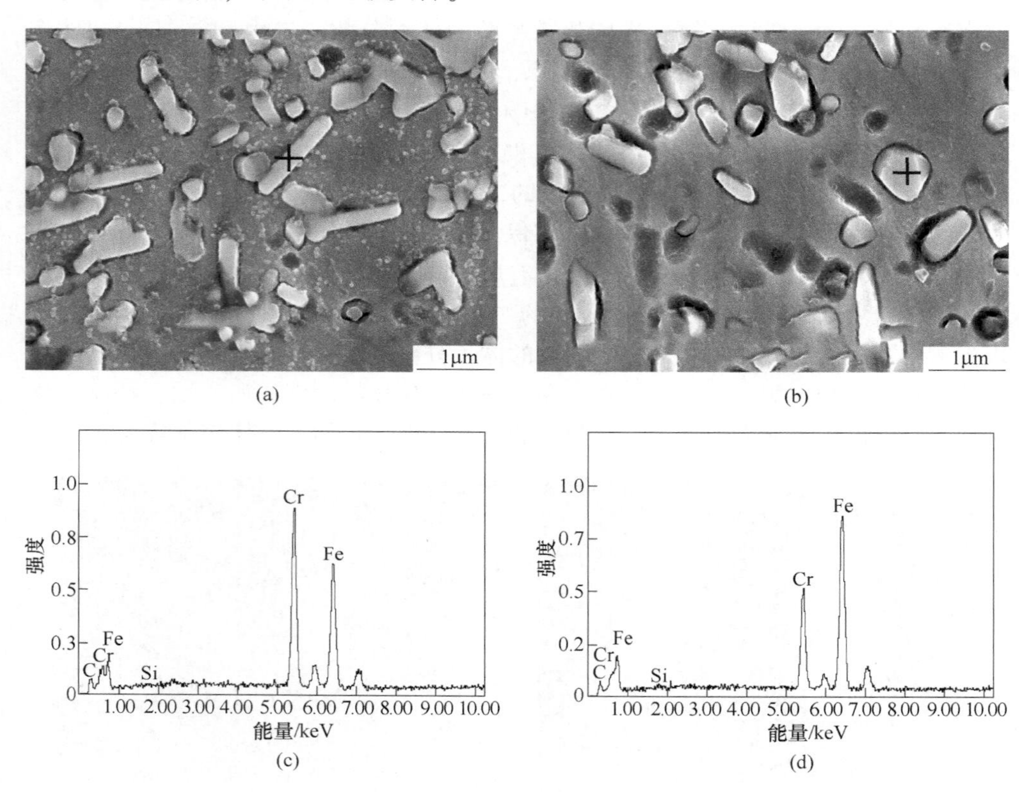

图 4-26 杆状碳化物和粒状碳化物的组织形貌及 EDS 能谱

(a)(c) 杆状碳化物的组织形貌及能谱；(b)(d) 粒状碳化物的组织形貌及能谱

表 4-7 是两种合金铸态和脱稳态基体的化学成分。脱稳热处理工艺是 950℃ 脱稳 14h。由表 4-7 可知，脱稳热处理后，由于合金基体析出大量的二次碳化物，基体中的碳、铬和钼含量不断下降。合金 1-2 基体中碳、铬含量的下降幅度（Δy(C) 为 7%，Δy(Cr) 为 8.3%）大于合金 1-1 基体中碳、铬含量的下降幅度（Δy(C) 为 0.3%，Δy(Cr) 为 3.5%），钼含量的下降幅度基本相同。

表 4-7 铸态和热处理态合金基体的化学成分（原子数分数） （%）

合金	状态	C	Si	Mn	Cr	Mo	Fe
1-1	铸态	3.5±0.1	1.3±0.1	0.4±0.03	12±0.5	1.8±0.1	Bal.
	脱稳态	3.2±0.1	1.8±0.1	0.25±0.02	8.5±0.2	0.2±0.05	Bal.
1-2	铸态	10.0±1.0	2.2±0.1	0.4±0.03	15±0.5	2.0±0.1	Bal.
	脱稳态	3.0±0.1	3.5±0.1	0.25±0.02	6.7±0.2	0.2±0.05	Bal.

表4-8是两种合金铸态和脱稳态基体中碳和合金元素的浓度差及其铬碳比。图4-27是根据表4-8绘制的合金铸态与脱稳态的基体碳和合金元素的浓度差及其铬碳比，由图可知，合金1-2铸态与脱稳态基体的碳和合金元素的浓度差（$\Delta y(\mathrm{Cr})+\Delta y(\mathrm{Mo})+\Delta y(\mathrm{C})$，17.1%）远远大于合金1-1铸态与脱稳态基体的碳和合金元素浓度差（$\Delta y(\mathrm{Cr})+\Delta y(\mathrm{Mo})+\Delta y(\mathrm{C})$，5.4%）。根据铸态和脱稳态基体的碳和合金元素浓度差计算这部分差值的铬碳比，合金1-1的铬碳比（17）大于合金1-2的铬碳比（1.5）。

表4-8 铸态和脱稳态基体的碳和合金元素浓度差及其铬碳比

合金	$\Delta y(\mathrm{C})$	$\Delta y(\mathrm{Cr})$	$\Delta y(\mathrm{Mo})$	$\frac{\Delta y(\mathrm{Cr})+\Delta y(\mathrm{Mo})}{\Delta y(\mathrm{C})}$
1-1	0.3	3.5	1.6	17
1-2	7.0	8.3	1.8	1.5

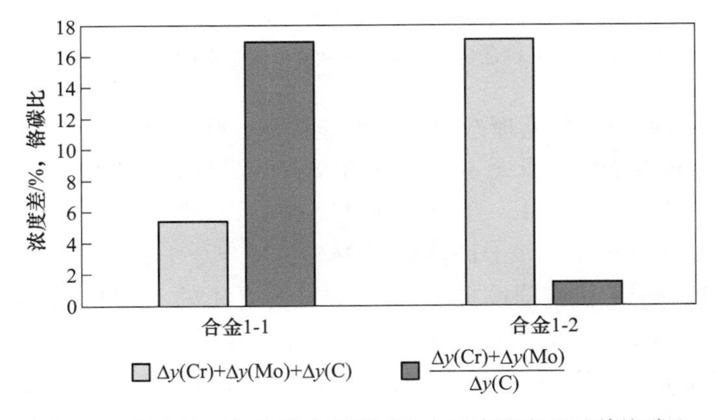

图4-27 合金铸态与脱稳态的碳和合金元素浓度差及其铬碳比

4.4.3 力学性能和磨损性能

图4-28是两种合金在950℃保温不同时间（5min、30min、1h、3h、6h、10h、14h）的基体硬度变化曲线，如图所示，合金1-2铸态珠光体的硬度（420HV）低于合金1-1铸态残余奥氏体的硬度（464HV），但是合金1-2在950℃保温初期（5min）的硬化速率更快，其硬度值为830HV，远高于合金1-1的硬度（585HV），这主要是因为合金1-2基体在析出大量二次碳化物的同时已转变为马氏体组织，合金1-2析出二次碳化物的同时一部分残余奥氏体依然保留至室温，如图4-24所示。合金1-1和合金1-2均在保温1h达到峰值，合金1-2的峰值硬度（920HV）高于合金1-1的峰值硬度（880HV），这是因为合金1-2的峰值硬度条件下基体析出二次碳化物的密度大于合金1-1，其弥散强化效益更好。

随后保温过程中，碳化物不断粗化，分布密度和体积分数不断下降，同时硬度呈下降趋势，在整个保温期间，合金 1-2 的基体硬度都高于合金 1-1。

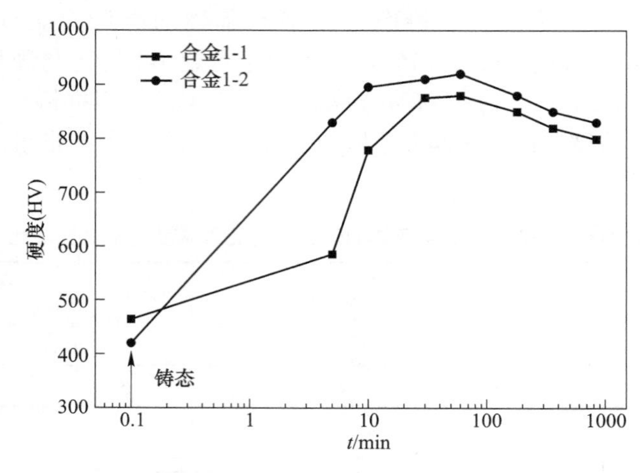

图 4-28　合金 1-1 和合金 1-2 基体在 950℃保温不同时间的硬度曲线

表 4-9 是两种合金热处理态的力学性能数据，热处理工艺是 950℃保温 1h，空冷至室温，再在 200℃回火 3h。由表 4-9 可知，合金 1-2 的硬度、冲击韧性和抗拉强度均高于合金 1-1。合金硬度提高 5%，从合金 1-1 的 58. 5HRC 提高到合金 1-2 的 61. 2HRC；冲击韧性提高 26%，从合金 1-1 的 5. 8J/cm^{2}提高到合金 1-2 的 7. 3J/cm^2；抗拉强度提高 7%，从合金 1-1 的 586MPa 提高到合金 1-2 的 626MPa。图 4-29 是合金 1-1 和合金 1-2 的冲击断口形貌，如图所示，合金 1-1 和合金 1-2 都是以脆性断裂为主，仅在基体区域中存在少量的韧性断裂。合金 1-1 断口形貌中存在更多的撕裂脊，而合金 1-2 中的撕裂脊相对较少。另外合金 1-2 的基体析出相以粒状形貌为主，而合金 1-1 的基体析出相以杆状形貌居多。

表 4-9　合金 1-1 和合金 1-2 的力学性能

合金	硬度（HRC）	冲击韧性/J · cm^{-2}	抗拉强度/MPa
1-1	58. 5±0. 5	5. 8±0. 5	586±10
1-2	61. 2±0. 5	7. 3±0. 5	626±10

图 4-30 是两种合金在不同载荷（20N、60N、100N）下的磨损失重曲线，如图所示，合金 1-1 和合金 1-2 的磨损失重都随着载荷的增加而增加，合金 1-2 的磨损失重在所有载荷条件下都低于合金 1-1，并且磨损载荷越大，合金 1-1 和合金 1-2 之间的磨损失重的差距就越大，说明其耐磨性相差也越大。

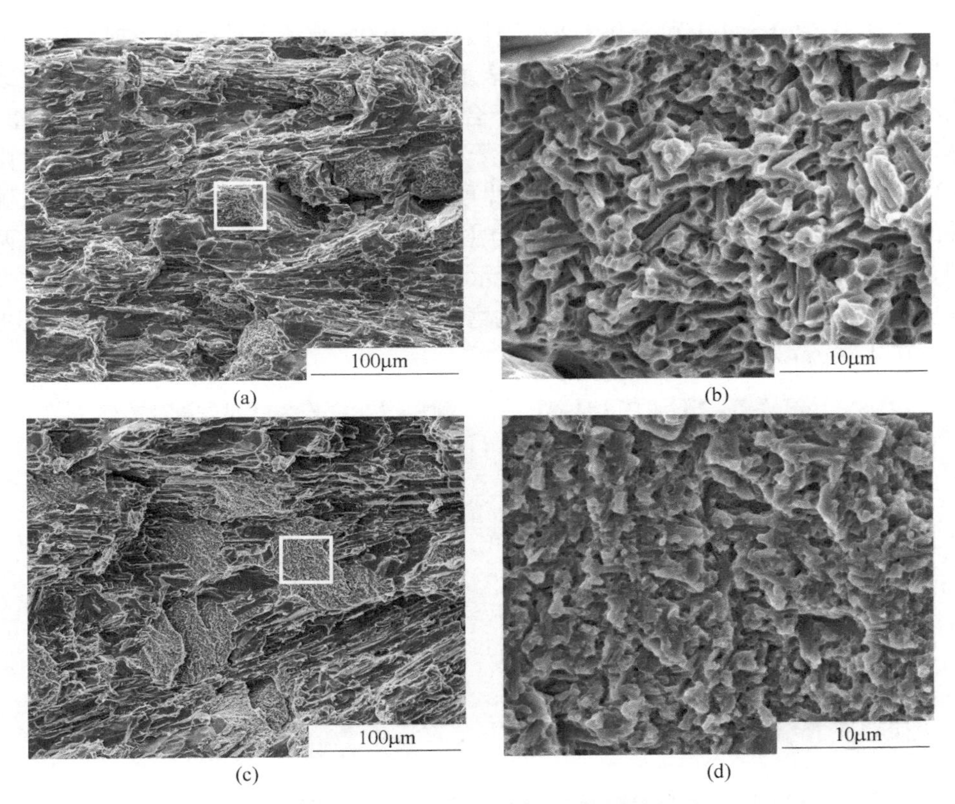

图 4-29　合金的冲击断口形貌

（a）（b）合金 1-1；（c）（d）合金 1-2

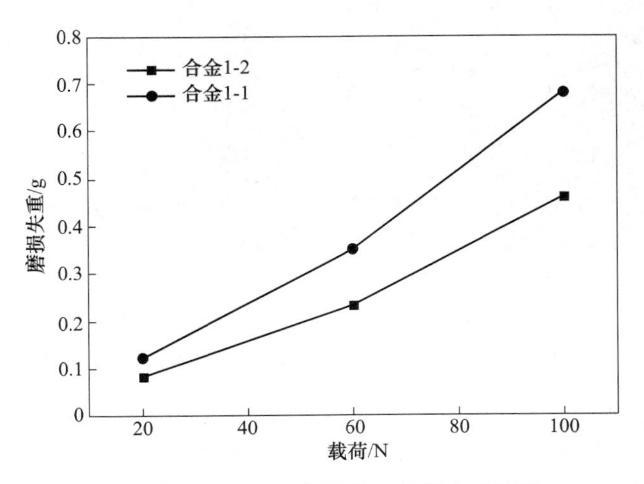

图 4-30　两种合金的载荷与磨损失重曲线

图 4-31 为合金 1-1 和合金 1-2 在磨损试验 100N 载荷下的表面磨损形貌，如图所示，在合金 1-1 和合金 1-2 的磨损表面均可以观察到磨料磨损后造成的坑或槽（pitting）和犁沟（grooves）。相对于合金 1-2，合金 1-1 的磨损程度更加严重，体现为磨损后的坑更大、更多，脱落更严重，而犁沟也更宽、更深。通过对比图 4-31（b）和图 4-31（d）的背散射图片可知，磨料磨损造成的坑主要发生在脆性的共晶碳化物位置，犁削造成的犁沟主要发生在基体位置区域。图 4-32 是两种合金的高倍数基体磨损形貌，如图所示，合金 1-2 基体的磨痕更浅，磨痕的宽度更窄，在 2~3μm，而合金 1-1 基体的磨料犁削造成的磨痕更深，磨痕的宽度更宽，在 4~6μm。

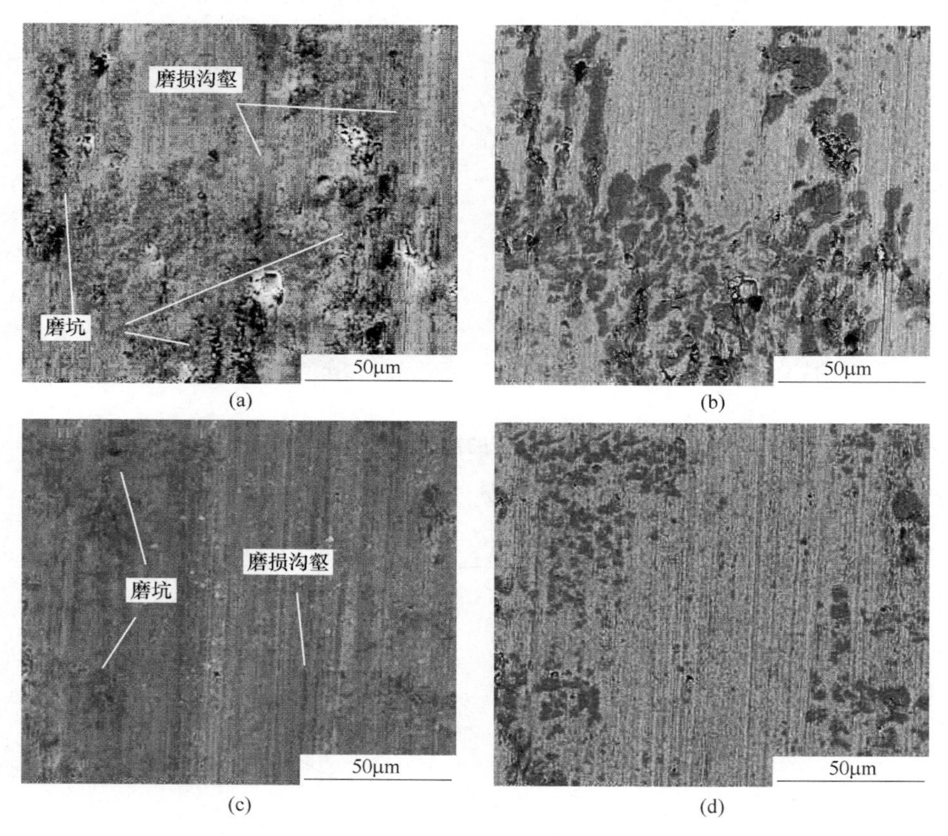

图 4-31　合金在 100N 载荷下的磨损形貌
（a）（b）二次电子成像和背散射电子成像的合金 1-1 磨损形貌；
（c）（d）二次电子成像和背散射电子成像的合金 1-2 磨损形貌

图 4-33 是两种合金在载荷为 20N 磨损后横截面的形貌，如图所示，合金 1-1 和合金 1-2 的磨损形貌区别不大，只是发现个别共晶碳化物存在少量微裂纹（如箭头所示），微裂纹距离磨损试样表面 4~6μm。

(a)

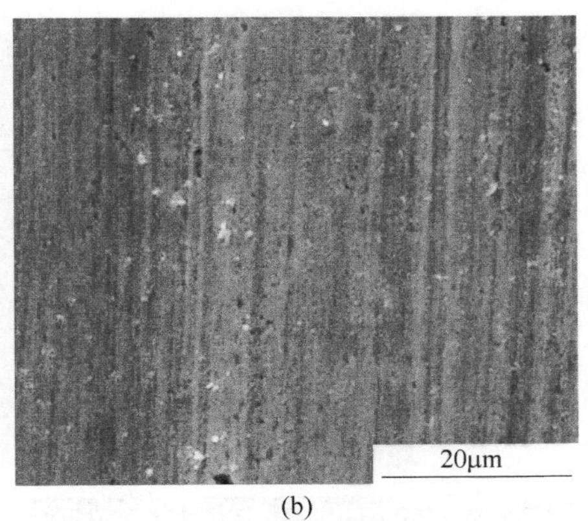

(b)

图 4-32 合金在 100N 载荷下的基体磨损形貌

(a) 合金 1-1；(b) 合金 1-2

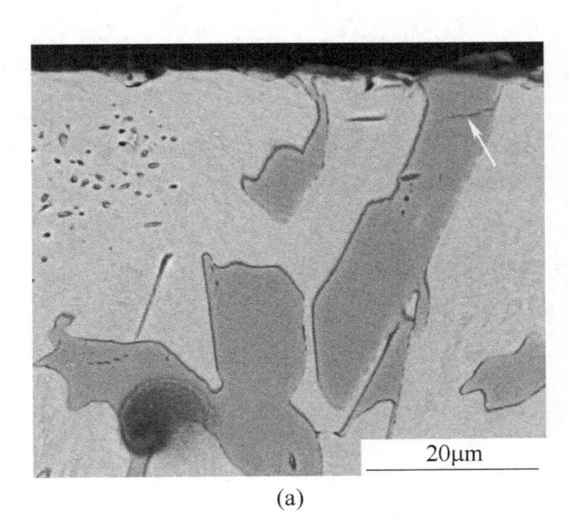

(a)

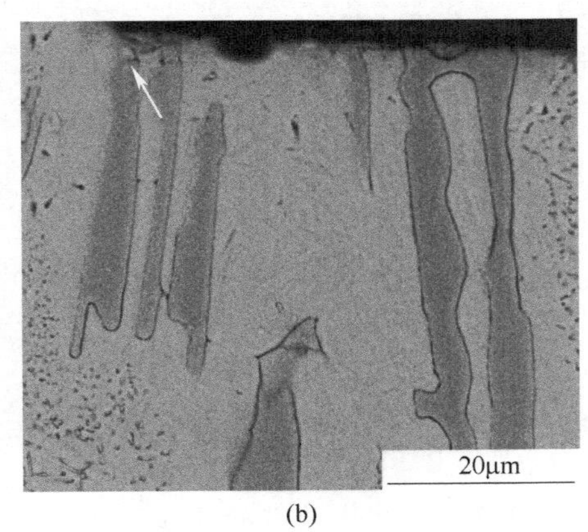

(b)

图 4-33 合金在载荷为 20N 磨损后的横截面显微组织

(a) 合金 1-1；(b) 合金 1-2

图 4-34 是两种合金在载荷为 100N 磨损后横截面的形貌。当磨损载荷增加为 100N 时，磨损试样后的横截面的形貌可以明显发现共晶碳化物出现大量断裂的情况，其断裂的深度也由原来载荷为 20N 的 4~6μm 增加到载荷为 100N 的 11~17μm。相对于合金 1-1，合金 1-2 的共晶碳化物的断裂程度更低，大部分碳化物呈非完全断裂，处于临界断裂程度（sub-critical cracking）。合金 1-1 共晶碳化物的断裂位置更深，断裂程度更严重，呈完全断裂程度，碳化物被折断为几段。

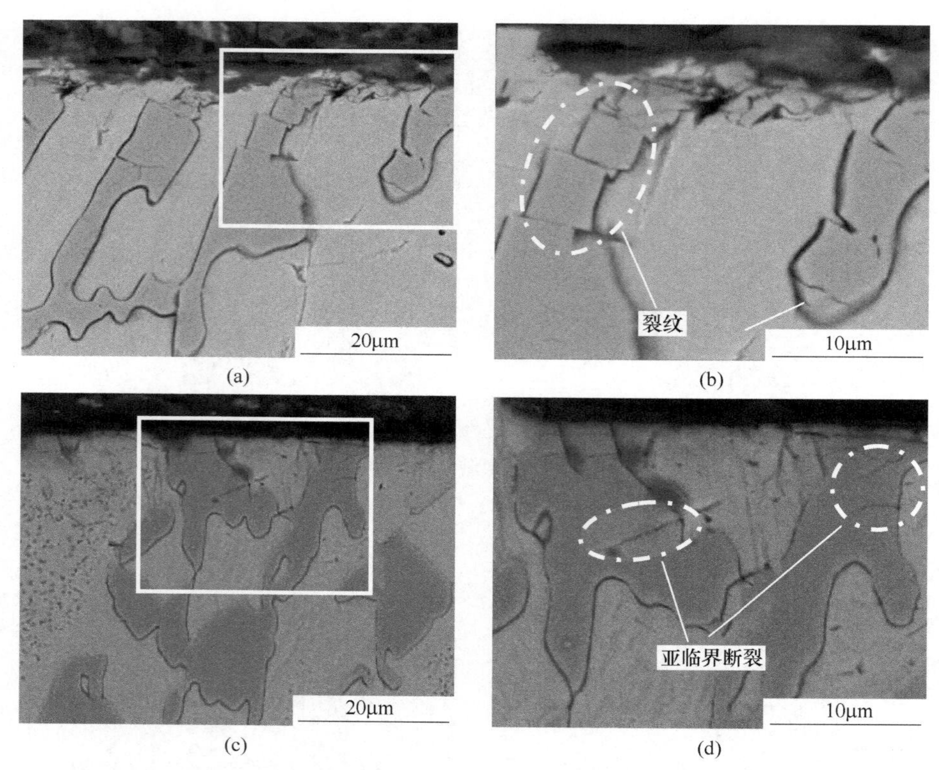

图 4-34　合金在载荷为 100N 磨损后的横截面显微组织
(a)(b) 合金 1-1；(c)(d) 合金 1-2

4.4.4　硅在高铬铸铁中的存在形式及作用

4.4.4.1　细化晶粒和共晶碳化物

硅元素不溶于碳化物，全部富集在基体中。硅含量（质量分数）从 0.5%增加到 1.5%，高铬铸铁铸态基体中的硅含量（原子数分数）从 1.3%增加至 2.2%。与此同时，奥氏体晶粒由 75μm 细化至 35μm。共晶碳化物的尺寸从 243μm 细化至 123μm，并且共晶碳化物的含量略有增加。共晶碳化物的细化机理是随着硅含量（质量分数）从 0.5%增加到 1.5%，高铬铸铁的共晶转变温度从 1272℃降低至 1256℃，共晶转变温度越低，原子扩散速度越慢，共晶碳化物尺寸就越小。图 4-35 是 So[89] 计算不同硅含量的 Fe-C-Cr 等温截面相图，由图可知，硅含量的增加可以改变 $L\rightarrow\gamma+M_7C_3$ 共晶反应相变线，使共晶线向低碳方向移动，使得铁水过共晶化并降低共晶反应温度，细化了共晶碳化物，并使得组织中共晶碳化物的含量有所增加[90]。

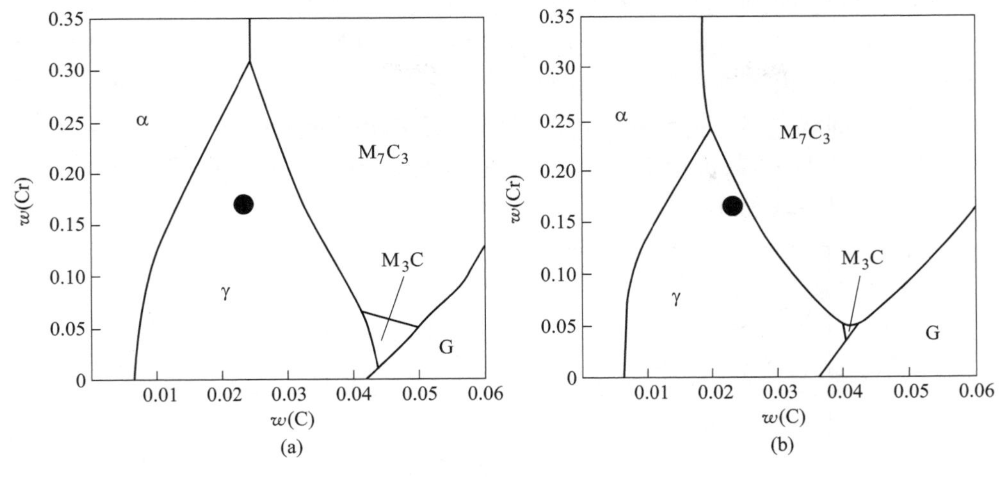

图 4-35 不同硅含量的 Fe-C-Cr 相图[89]

（a） w(Si)= 0.5%；（b） w(Si)= 2.0%

4.4.4.2 奥氏体向珠光体的转变机理

高铬铸铁的硅含量（质量分数）从 0.5%增加到 1.5%，铸态组织由残余奥氏体转变为珠光体组织。Jacuinde[41] 和张卫[91] 等人也研究了不同硅含量对高铬铸铁组织和性能的影响，并且也发现硅含量过高会导致铸态组织中残余奥氏体向珠光体转变，但是均未给出相应转变机理的解释。通过观察发现，合金 1-2 的铸态组织以珠光体组织为主，并同时存在一部分的残余奥氏体组织。通过电子探针（EPMA）手段分析残余奥氏体和珠光体的成分可知，合金 1-1 组织中残余奥氏体中的碳含量（原子数分数为 3.5%）远低于合金 1-2 组织中珠光体的碳含量（原子数分数为 10%），其余元素含量相差不大。珠光体是共析组织，其平均碳含量（质量分数）为 0.77%，而通过 EPMA 结果可知，合金 1-2 中珠光体中的碳浓度（原子数分数）为 10%，换算成质量分数为 2.52%，这与珠光体的理论碳含量相差甚远。通过微观组织和相图凝固过程分析，合金 1-2 中珠光体基体并非完全意义上的珠光体组织，应该是珠光体和 Fe_3C_{II} 的混合组织。根据 XRD 分析结果，合金 1-2 铸态组织中肯定存在一定量的 Fe_3C 碳化物。

图 4-36 是经典的二元 Fe-C 相图，如图所示，合金 1-1 铸态残余奥氏体的碳浓度（质量分数）为 0.86%，为了便于分析，忽略硅含量对高铬铸铁共晶线的影响，假定合金 1-2 凝固过程中的高温奥氏体的碳浓度（质量分数）也是 0.86%，如图中虚线所示，碳含量位于过共析范围（0.77%~2.11%），高温奥氏体凝固过程中，先发生 A→A+Fe_3C_{II} 反应，过程中析出一定量的 Fe_3C_{II} 二次碳化物，然后再发生 A→P 共析反应。对于合金 1-2 来讲，由于硅可以大大降低高温

奥氏体中碳元素的固溶度，使得高温奥氏体中大量的碳被排除用来形成 Fe_3C_{II} 碳化物，在第一阶段 A→A+Fe_3C_{II} 反应过程中析出大量的 Fe_3C_{II} 碳化物，在接近共析反应温度时，由于高温奥氏体中的碳含量较低，使得高温奥氏体的稳定性下降，使得 C 曲线左移，临界冷却速率增加，而实际凝固速率恰低于临界冷却速率，从而发生 A→P 共析转变，得到大量的珠光体组织，并伴随一部分残余奥氏体组织，如图 4-21 所示。

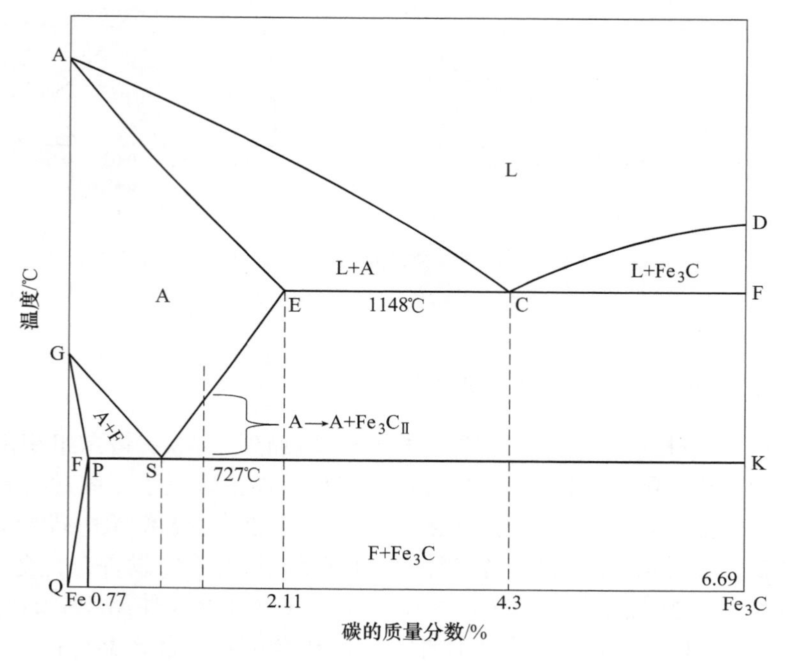

图 4-36　Fe-C 二元相图

图 4-37 是合金 1-2 铸态基体的 SEM 组织，由图可知，珠光体基体上分布着大量的 Fe_3C_{II} 碳化物，其尺寸范围在 0.1 ~ 0.3μm。因此基体中 10% 的碳含量（原子数分数）实际上是珠光体基体和 Fe_3C_{II} 碳化物的含量的总和。对于合金 1-1 来讲，合金在第一阶段 A→A+Fe_3C_{II} 同样会析出一定量的 Fe_3C_{II} 碳化物，由于基体中的硅含量较低，高温奥氏体中碳元素的固溶度更大，析出 Fe_3C_{II} 碳化物的含量低于合金 1-2，在凝固过程中接近共析反应温度时，高温奥氏体基体中的碳含量相对于合金 1-2 更高，高温奥氏体的稳定性更好，C 曲线更偏右，足以使得高温奥氏体避免 A→P 共析转变，同时由于高温奥氏体中碳和合金元素含量较高，使得马氏体相变开始温度（M_s）低于室温，从而在凝固过程高温奥氏体被保留至室温形成残余奥氏体组织。

图 4-38 是合金 1-1 基体的 SEM 组织，如图所示，残余奥氏体基体上分布着

图 4-37 合金 1-2 铸态基体的 SEM 组织形貌

少量的 Fe_3C_{II} 碳化物，其尺寸和含量低于合金 1-2，与上述理论分析相吻合。另外，同为残余奥氏体组织，合金 1-2 铸态组织中的残余奥氏体的铬含量远低于合金 1-1 铸态组织中的残余奥氏体的铬含量，如图 4-21（f）和图 4-21（h）所示。原因可能是当珠光体和奥氏体组织共存时，珠光体夺取铬原子的能力强于残余奥氏体，导致基体中的大部分铬原子被珠光体夺取了，使得残余奥氏体的铬浓度低于珠光体的铬浓度，也低于合金 1-1 残余奥氏体的铬浓度。

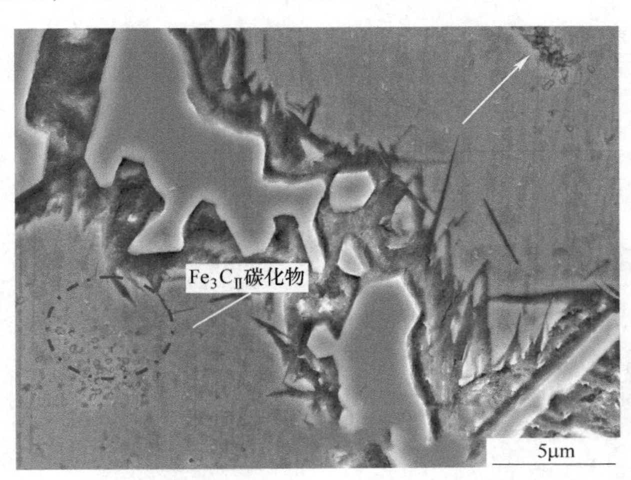

图 4-38 合金 1-1 铸态基体的 SEM 组织形貌

综上所述，硅含量增加导致铸态残余奥氏体转变成珠光体的机理推断如下：硅含量增加导致高铬铸铁铸态组织由残余奥氏体向珠光体组织转变的机理是随着高铬铸铁成分中硅含量的增加，高温奥氏体中碳元素的固溶度下降，降低了高温奥氏体的稳定性，使 C 曲线左移，临界冷却速率增加，使得合金的淬透性下降，凝固过程中合金的凝固速率低于临界冷却速率，发生 A→P 共析转变，得到大量的珠光体和二次渗碳体的混合组织。

亚共晶高铬铸铁合金中碳元素主要分布在初生奥氏体基体和共晶碳化物中，合金中的碳存在以下平衡关系：

$$C = V_{碳化物}C_{碳化物} + V_{基体}C_{基体} \tag{4-4}$$

图 4-39 为高铬铸铁组织中不同相（珠光体、残余奥氏体、共晶碳化物）的形貌及铬含量分布。通过 EPMA 检测合金 1-1 和合金 1-2 中基体和共晶碳化物的相成分，如表 4-10 所示。通过 Photoshop 软件对合金 1-1 和合金 1-2 的铸态金相照片进行后处理，手动对组织中残余奥氏体、珠光体基体和共晶碳化物进行不同颜色的对比，便于减小在 Image J 软件中阈值的选择对相组成的分析结果的误差，提高相组成计算的准确率。合金 1-1 和合金 1-2 铸态基体的相组成如表 4-10 所示，表中的数值根据合金不同区域的金相微观组织的统计数据计算得出。将合金 1-1 和合金 1-2 在表 4-10 和表 4-11 中的数据代入式（3-1），计算结果如下：

$$w(C_{1-1}) = 0.64 \times 0.86\% + 0.36 \times 6.3\% = 2.82\% \tag{4-5}$$

$$w(C_{1-2}) = 0.45 \times 2.52\% + 0.16 \times 0.28\% + 0.39 \times 4.3\% = 2.85\% \tag{4-6}$$

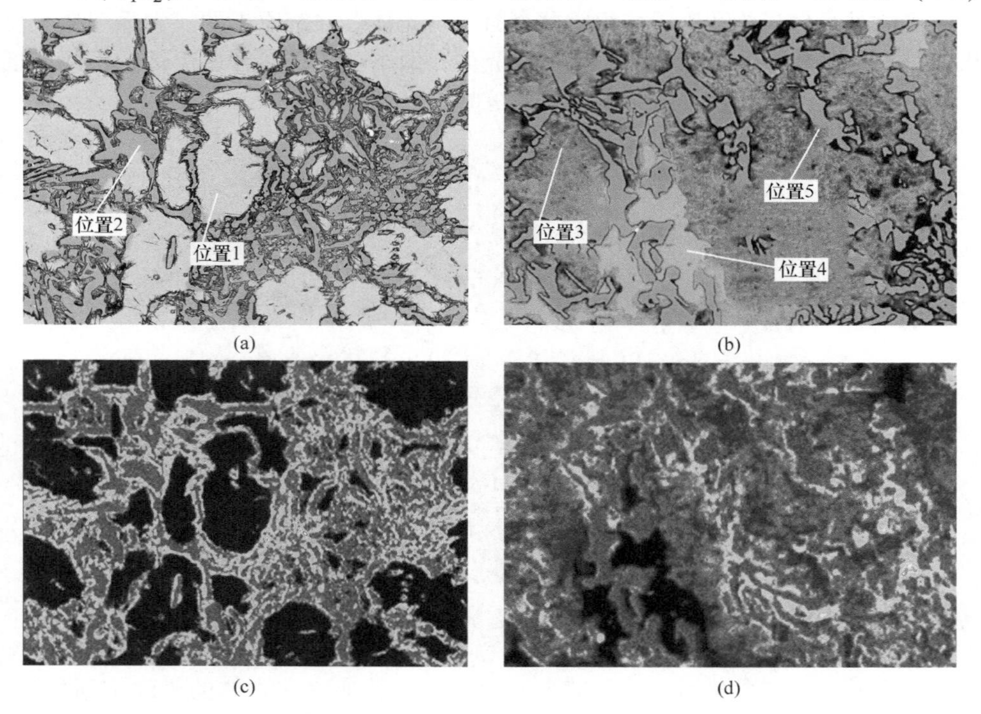

图 4-39　合金 1-1 和合金 1-2 的铸态组织及其碳分布

（a）（c）合金 1-1 的铸态组织及其碳分布；（b）（d）合金 1-2 的铸态组织及其碳分布

合金1-1和合金1-2的实际碳含量（质量分数）为2.81%和2.82%，计算的结果与合金的实际成分误差在2%以内，可知以上理论推测与实际观察结果一致。

表4-10 图4-39中合金1-1和合金1-2基体和共晶碳化物的化学成分

合金	区域	化学成分	C	Si	Mn	Cr	Mo	Fe
1-1	位置1（RA基体）	原子数分数/%	3.50	1.30	0.40	12.0	1.8	81.0
		质量分数/%	0.86	0.72	0.40	11.4	3.0	83.6
	位置2（M_7C_3碳化物）	原子数分数/%	22.0	—	—	35.0	—	43.0
		质量分数/%	6.3	—	—	40.2	—	53.5
1-2	位置3（P基体）	原子数分数/%	10	2.2	0.4	15	2.0	80.4
		质量分数/%	2.52	1.30	0.42	15.1	4.58	76.1
	位置4（RA基体）	原子数分数/%	1.2	2.2	0.4	5	2.2	89.0
		质量分数/%	0.28	1.20	0.39	4.66	3.59	89.9
	位置5（M_7C_3碳化物）	原子数分数/%	16	—	—	37	—	46
		质量分数/%	4.3	—	—	41.5	—	54.2

表4-11 合金1-1和合金1-2基体和共晶碳化物的物相比例

合金	初生相基体		共晶碳化物
1-1	残余奥氏体（64%±1.5%）		M_7C_3碳化物（36%±1.5%）
1-2	珠光体（45%±1.5%）	残余奥氏体（16%±1%）	M_7C_3碳化物（39%±1.5%）

4.4.5 硅元素对高铬铸铁基体析出相的影响机理

众所周知，铸态过饱和残余奥氏体基体在脱稳热处理过程中会析出大量的二次碳化物，使得基体的碳和合金元素含量大大下降，进而提高了基体的马氏体相变开始温度（M_s），在凝固过程中得到大量的马氏体组织。根据其他研究者的结论[92-93]，脱稳温度在950℃温度下二次碳化物的析出含量最大，二次碳化物的弥散强化效应最好。本章在950℃保温不同时间（5min、30min、1h、3h、6h、10h、14h），研究不同硅含量的高铬铸铁脱稳热处理过程中二次碳化物的析出行为。

在保温初期（5min），合金1-2的基体硬化速率更快，合金1-2保温初期（5min）的硬度值（830HV）高于合金1-1的硬度（590HV），说明珠光体的原子扩散速率比奥氏体更快，这可能是因为珠光体具有特殊的层片状结构，大大提高了脱稳过程中碳、铬原子的扩散速率。在950℃保温5min时，合金1-2的基体组织中就已经析出大量的二次碳化物，基体已转变为马氏体组织。合金1-1的基体由于只析出少量的二次碳化物，基体中碳和合金元素浓度依然较高，基体中大部分残余奥氏体依然被保留至室温。在保温 1h 时，合金 1-2 基体析出的二次碳化物的体积分数更大，形貌以粒状为主，合金 1-1 基体析出的二次碳化物含有杆状和粒状两种形貌。随着保温时间的延长（14h），两种合金的二次碳化物都出现粗化、分布密度下降的情况，合金 1-2 的分布密度依然大于合金 1-1，合金 1-2 出现少量杆状二次碳化物，合金 1-1 中杆状碳化物的比例分数进一步增加，并且碳化物的长度进一步增加。

铸态组织基体中过饱和的碳和合金元素含量是脱稳过程中二次碳化物的驱动力。脱稳热处理过程中基体析出大量的二次碳化物，使得基体的碳和合金元素浓度下降，因此基体中碳和合金元素含量的变化与二次碳化物的含量呈对应关系，即

$$C_0 - C_1 = C_s \tag{4-7}$$

式中，C_0 为原始铸态基体中碳和合金元素的总量；C_1 为热处理态基体中碳和合金元素的总量；C_s 为热处理过程中基体析出二次碳化物的碳和合金元素的总量。

铸态和热处理态基体中碳和合金元素的浓度差可以代表基体热处理过程中析出的二次碳化物总量含有的碳和合金元素。硅含量的增加可以促进脱稳热处理过程中基体中二次碳化物的析出，硅含量（质量分数）从 0.5%增加到 1.5%，二次碳化物体积分数从 26%增加到 35%。合金 1-2 中二次碳化物的体积分数更大的原因是合金 1-2 铸态和热处理态基体之间的碳和合金元素浓度差（原子数分数为 17.1%）大于合金 1-1 铸态和热处理态基体的浓度差（原子数分数为 5.4%）。铸态和热处理态之间，基体中碳和合金元素浓度差等于二次碳化物总量的碳和合金元素的总浓度。浓度差越大代表二次碳化物的析出量越多。另外，合金 1-1 基体析出的二次碳化物以粒状为主，而合金 1-2 基体析出的二次碳化物含杆状和粒状两种形貌。根据 Powell[94] 和 Wiengmoon[95] 等人的实验结论，合金的铬碳比决定了基体在脱稳热处理过程中二次碳化物析出的种类。由 EDS 能谱分析可知，杆状碳化物的铬碳比高于粒状碳化物，推测铬碳比是影响二次碳化物形貌（粒状/杆状）的主要因素，二次碳化物的铬碳比越高，其形貌越趋于杆状。合金 1-1 中二次碳化物的总量的铬碳比为 17，远大于合金 1-2 中二次碳化物的铬碳比 1.5，因此合金 1-1 比合金 1-2 组织中存在更多的杆状形貌二次碳化物。图 4-40 是二次

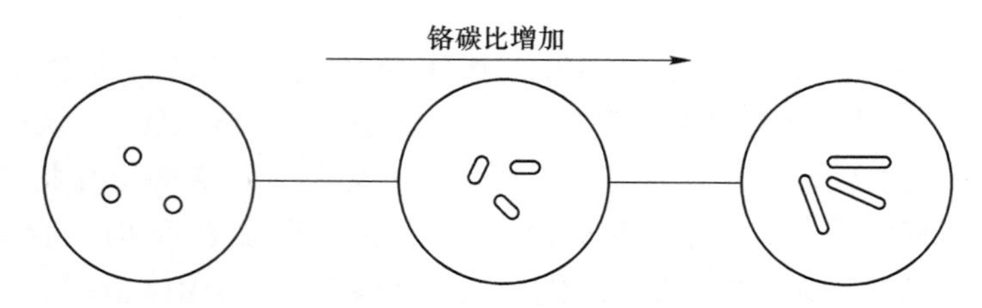

图 4-40 二次碳化物的形貌演变示意图

碳化物的形貌演变示意图，如图所示，随着二次碳化物的铬碳比增加，碳化物形貌越趋近于杆状；且杆的长度越长，铬碳比越低，碳化物形貌越趋近于粒状。

4.4.6 硅元素对高铬铸铁性能的影响机理

高铬铸铁基体的硬度主要取决于基体中马氏体的含量和分布在基体上的二次碳化物的体积分数和尺寸[52]。二次碳化物的分布情况（体积分数、密度和尺寸）对高铬铸铁的硬度有着重要的影响[36-37,96]。硅含量（质量分数）从 0.5% 增加到 1.5%，二次碳化物体积分数从 26% 增加到 35%，基体的峰值硬度从 880HV 增加到 920HV，合金的抗拉强度从 586MPa 增加到 626MPa。合金 1-2 基体上二次碳化物的体积分数更大，第二相强化效应更好，因此硬度和强度更高。合金 1-2 组织中共晶碳化物的平均尺寸（123μm）仅为合金 1-1 共晶碳化物平均尺寸（243μm）的一半，冲击韧性从 5.8J/cm^2 提高到 7.3J/cm^2。共晶碳化物的细化减小了对基体的切割程度，在裂纹扩展过程中可以更好地阻碍裂纹的扩展，有利于提高合金的冲击韧性，因此合金 1-2 的冲击韧性更好。

Fulcher 等人[97]认为磨损过程中高铬铸铁基体与碳化物之间的支撑保护作用是相辅相成的，基体为共晶碳化物提供的支撑保护作用越强，碳化物的断裂就越少，磨损失重越少，耐磨性也就越好。图 4-41 是磨料磨损机理的示意图。磨损实验过程中，磨料（石英砂-SiO_2）对试样进行磨损后产生犁沟、切削凹槽和碳化物裂纹。由于基体的韧性好，磨料经过后能发生塑性变形而产生犁沟和凹槽，而磨料经过碳化物时，碳化物韧性差，无法发生塑性变形而在碳化物中产生裂纹。合金 1-2 的基体分布着体积分数更高的二次碳化物，第二相强化效应更好，使得基体抵御磨料磨损的能力更强，因此磨损后的合金 1-2 基体的犁沟和凹槽更浅，宽度也更窄。由于基体与碳化物之间的协同保护作用，更强的基体使得磨料磨损过程中造成的金属流失更少，避免因基体金属过度流失造成碳化物的“凸起”，减少磨损过程中共晶碳化物所受的切应力，减少碳化物的断裂和脱落，因此合金 1-2 的碳化物断裂程度更轻，磨损失重也更少，耐磨性更好。

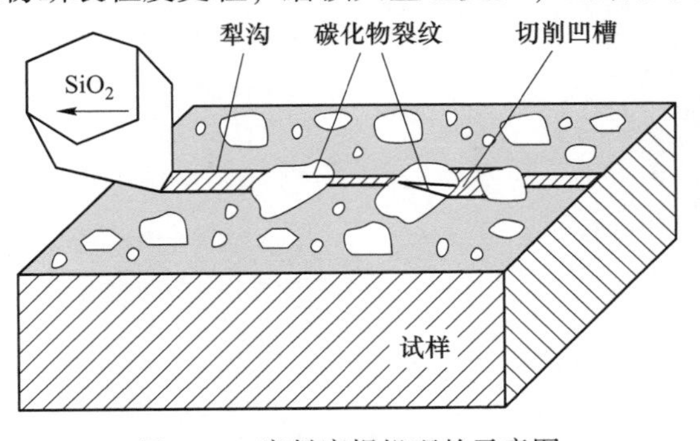

图 4-41 磨料磨损机理的示意图

4.5 小　结

（1）硅含量增加细化了亚共晶高铬铸铁中的奥氏体晶粒和共晶碳化物。硅含量（质量分数）从0. 5%增加到1. 5%，奥氏体晶粒的平均尺寸由75μm减小为35μm，共晶碳化物长度方向的平均尺寸从243μm细化到123μm。

（2）铸态组织中的残余奥氏体转变为珠光体机理是随着高铬铸铁成分中硅含量的增加，高温奥氏体中碳元素的固溶度下降，降低了高温奥氏体的稳定性，使C曲线左移，凝固过程中发生A→P共析转变，得到大量的珠光体组织。

（3）硅含量增加促进热处理过程中二次碳化物的析出。硅含量（质量分数）从0. 5%增加到1. 5%，热处理过程中析出的二次碳化物体积分数从26%增加到35%。

（4）硅含量增加可以提高亚共晶高铬铸铁的力学性能和磨损性能。硅含量（质量分数）从0. 5%增加到1. 5%，高铬铸铁合金的硬度从58. 5HRC提高到61. 2HRC，基体硬度从880HV增加到920HV，冲击韧性从5. 8J/cm^2提高到7. 3J/cm^2，磨损失重减少。硅含量高的合金基体硬度更高，使得基体抵御磨料磨损的能力更强，减少碳化物的断裂，磨损失重也更少，耐磨性更好。

5 脱稳热处理对高铬铸铁组织和性能的影响

5.1 引　　言

限制高铬铸铁大规模应用的主要原因是高铬铸铁的低韧性[97]。碳化物的韧性基本为零，在冲击应力较大的条件下容易发生开裂、脆断等现象，无法发挥其优良的耐磨性。高铬铸铁的韧性主要取决于碳化物和基体的韧性，但是影响亚共晶高铬铸铁和过共晶高铬铸铁韧性的主要因素却有所不同。过共晶高铬铸铁的韧性主要取决于碳化物的特征，如形貌、尺寸和分布情况等；而亚共晶高铬铸铁中由于存在大量的初生奥氏体，其韧性主要由基体的韧性所决定，其组织的特征，如残余奥氏体的含量、二次碳化物的数量和形貌是影响亚共晶高铬铸铁韧性的主要因素[98]。针对高铬铸铁而言，热处理的目的主要是改善材料的基体组织特征，因为共晶碳化物在热处理过程中不会发生变化，通过热处理来改善基体的特征，如基体中残余奥氏体的含量和二次碳化物的特征（含量、形貌和尺寸），从而提高高铬铸铁强韧性和耐磨性[94,99]。

脱稳热处理工艺是高铬铸铁使用最广泛的热处理工艺。本章以亚共晶高铬铸铁为研究对象，研究脱稳热处理工艺对亚共晶高铬铸铁组织和性能的影响。探索脱稳温度、时间对脱稳热处理过程中基体中二次碳化物析出特征（尺寸、形貌和体积分数）的影响规律，从二次碳化物的析出特征和残余奥氏体的含量探讨了脱稳温度、时间对亚共晶高铬铸铁力学性能和磨损性能的影响规律。

5.2 铸态显微组织

表 5-1 是合金的实际化学成分。图 5-1 是合金铸态组织的 EPMA 面分析图，如图所示，铸态组织主要由残余奥氏体、共晶碳化物和少量针状马氏体组织构成。针状马氏体主要分布在残余奥氏体和共晶碳化物的交界区域，其形成的原因是凝固过程中共晶碳化物的形成消耗了碳化物与基体界面位置的碳元素，导致共晶碳化物周边的基体贫碳，大大提高了共晶碳化物周边基体的马氏体相变开始温度（M_s），凝固过程中发生奥氏体→马氏体相变，得到分布在共晶碳化物边缘的

马氏体组织。而基体中的碳含量比较高，并且富集大量的合金元素，导致马氏体相变开始温度（M_s）低于常温，残余奥氏体被保留至室温状态。如图 5-1 所示，碳元素主要分布在 M_7C_3 碳化物中，在基体中的碳浓度分布较为均匀，而铬元素在基体的分布呈非均匀分布，中心位置的铬浓度高于边缘位置，在基体与残余奥氏体基体的交界处存在一个贫铬带，宽度在 3～8μm，而 Powell 等人也在残余奥氏体和共晶碳化物之间观察了铬元素的偏析带，宽度在 2μm 以内[94]。钼元素主要偏聚在部分共晶 M_7C_3 碳化物里面和基体中。

表 5-1　合金的实际化学成分（质量分数）　　（%）

C	Si	Mn	Cr	Mo
2. 8	0. 52	0. 61	18. 2	0. 85

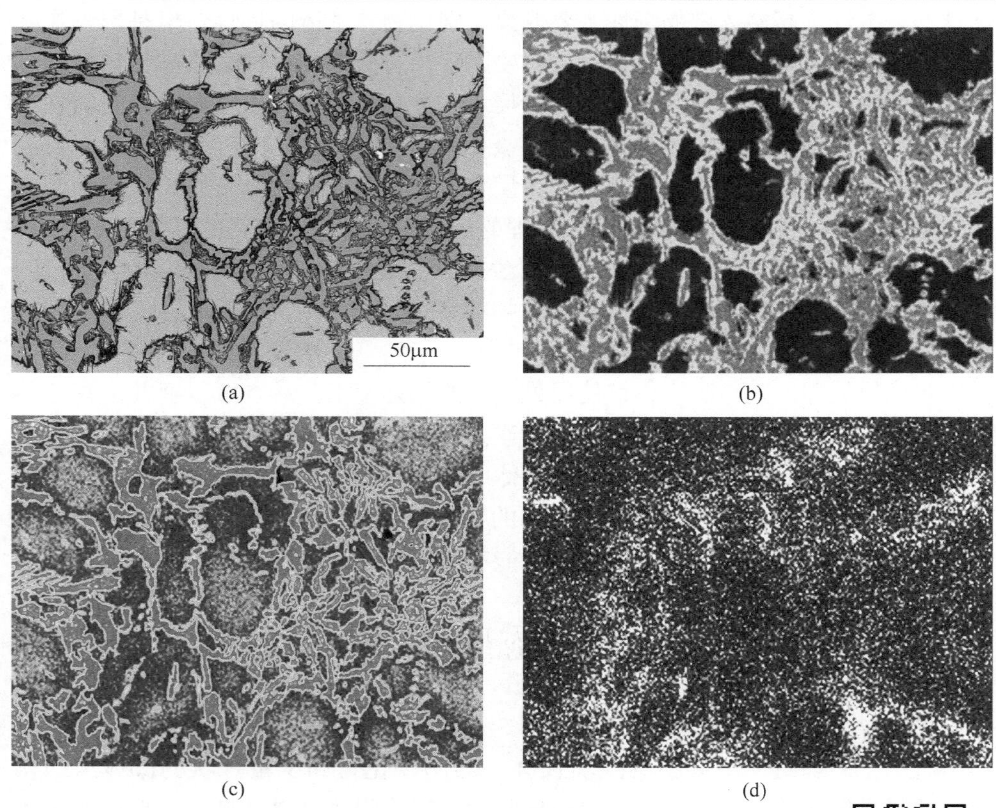

图 5-1　合金铸态组织的 EPMA 面分析图

（a）组织形貌；（b）C 元素分布；（c）Cr 元素分布；（d）Mo 元素分布

图 5-1 彩图

5.3 脱稳温度对高铬铸铁组织和性能的影响

5.3.1 基体析出相

图 5-2 是脱稳温度与基体析出的二次碳化物特征（尺寸和体积分数）的变化曲线，如图所示，随着脱稳温度从 950℃升高至 1100℃，二次碳化物的体积分数从 30%下降到 13%，二次碳化物的尺寸从 0.3μm 增加到 1.5μm，并且随着脱稳温度的升高，二次碳化物尺寸的统计方差不断增加，说明二次碳化物尺寸的离散程度持续增加。图 5-3 是 950~1100℃脱稳 2h 的基体组织形貌，如图所示，950℃析出的二次碳化物主要以粒状为主，尺寸大小均匀，分布密度和体积分数最大。随着温度的升高，二次碳化物的分布密度和体积分数下降，并且杆状二次碳化物的比例不断增加，杆状的长度随温度升高而增加，粒状二次碳化物的数量占比相对下降。1100℃下的基体分布的二次碳化物的最大尺寸为 1.5μm，最小的二次碳化物尺寸为 0.6μm，其二次碳化物尺寸的离散程度最大。此外，随着温度的升高，基体边缘的无沉淀析出带的宽度不断增加，如图 5-3 中虚线和箭头所示，宽度从 950℃的 2~3μm 增加到 1100℃的 9~10μm。

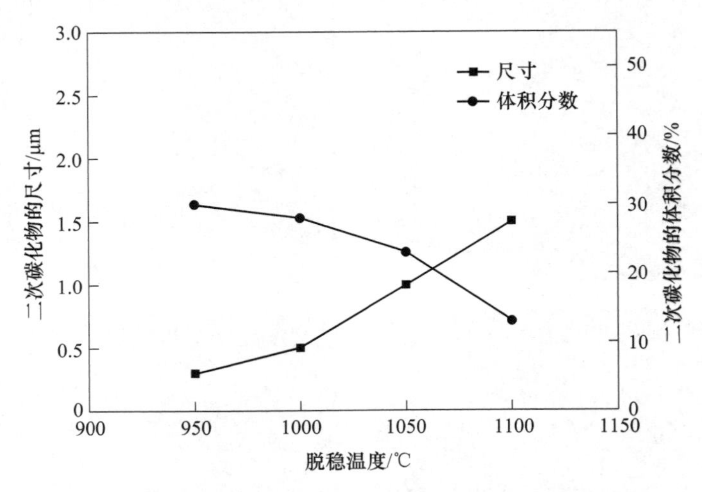

图 5-2 脱稳温度与二次碳化物尺寸（particle size）和体积分数（volume fraction）的变化曲线

图 5-4 是合金铸态和脱稳态（950~1100℃）的 XRD 图谱，由图可知，铸态组织由残余奥氏体、M_7C_3 碳化物和少量的马氏体组成。在 950℃条件下，奥氏体的衍射峰消失，马氏体的衍射峰强度增强。随着温度升高至 1000℃，奥氏体的

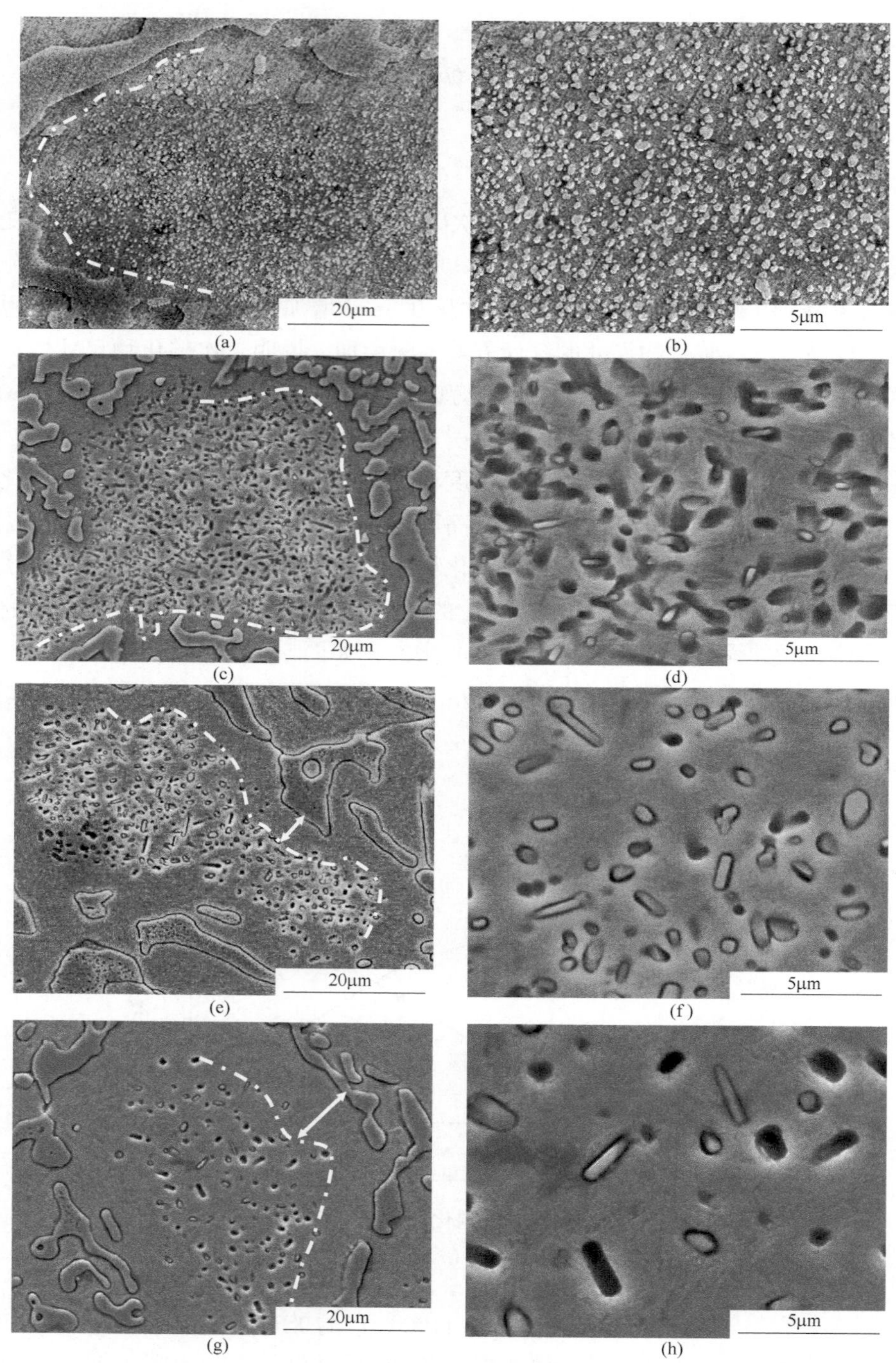

图 5-3 不同脱稳温度下的基体第二相形貌
(a)(b)950℃;(c)(d)1000℃;(e)(f)1050℃;(g)(h)1100℃

衍射峰重新开始出现，随着温度从1000℃升高至1050℃，奥氏体的衍射峰强度大幅度增强，奥氏体的衍射峰强度在1050℃达到最强，马氏体的衍射峰强度则不断减弱，奥氏体在1000~1050℃阶段衍射峰强度的增加幅度大于950~1000℃阶段奥氏体衍射峰强度的增加幅度。当温度从1050℃升至1100℃时，奥氏体的衍射峰强度有所下降，M_7C_3 碳化物的衍射峰强度进一步降低，并且出现 Mo_2C 的衍射峰。另外，对比铸态和1050℃的奥氏体（111）面的衍射峰位可知，奥氏体（111）晶面的衍射峰位从铸态的43.26°增加至1050℃的43.46°，这是因为铸态条件下的奥氏体处于过饱和状态，奥氏体中含有大量碳和合金元素，导致晶格畸变增加，晶面间距（d）增加。根据布拉格公式 $2d\sin\theta=\lambda$，由于 λ 不变，所以当 d 值增加时，θ 角减小。

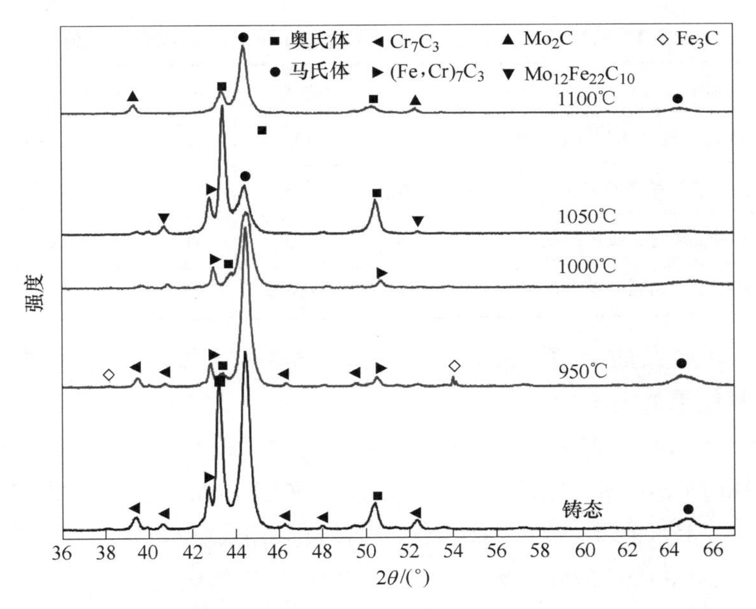

图5-4　合金铸态和不同脱稳温度（950~1100℃）下的XRD图谱

为了研究脱稳温度对残余奥氏体的影响，参照黑色冶金行业标准[100]的方法计算残余奥氏体的含量和奥氏体中的碳含量，即

$$\varphi_A = \frac{1-\varphi_C}{1+G\dfrac{I_{M(hkl)_i}}{I_{A(hkl)_j}}} \tag{5-1}$$

式中，φ_A 和 φ_C 分别为奥氏体和碳化物的体积分数；$I_{M(hkl)_i}$ 和 $I_{A(hkl)_j}$ 分别为马氏体的 $(hkl)_i$ 晶面和奥氏体的 $(hkl)_j$ 晶面的衍射峰的累积强度。奥氏体的衍射峰选择(200)、(220)和(311)三晶面的衍射峰，而马氏体的衍射峰选择(200)和(211)的衍射峰。其中 G 值参考表5-2。

表 5-2 计算用的 G 值

马氏体	奥氏体		
	(200)	(220)	(311)
(200)	2.46	1.32	1.78
(211)	1.21	0.65	0.87

奥氏体中的碳含量由式（5-2）计算，结果如表 5-3 所示。

$$a_{\gamma} = 35.55 + 0.44x_{C} \tag{5-2}$$

式中，a_{γ} 为奥氏体的晶格常数，nm；x_{C} 为奥氏体中的碳含量（质量分数），%。

表 5-3 残余奥氏体体积分数、碳含量和马氏体相变开始温度

温　度	铸态	950℃	1000℃	1050℃	1100℃
残余奥氏体的含量（体积分数）/%	39.8	12.6	21.2	56.5	66.7
残余奥氏体的晶格参数/nm	0.3621	0.3591	0.3599	0.3607	0.3617
残余奥氏体的碳含量（质量分数）/%	1.30	0.39	0.64	0.88	1.18
马氏体相变开始温度 M_s/℃	−153.3	231.3	128.7	26.2	−102.0

根据 Gao 等人的计算方法[101]，由式（5-3）计算马氏体相变开始温度（M_s），计算结果如表 5-3 所示。

$$M_s = 539 - 423w(\mathrm{C}) - 30.4w(\mathrm{Mn}) - 12.1w(\mathrm{Cr}) - 7.5w(\mathrm{Si}) \tag{5-3}$$

元素 Mn、Cr 和 Si 的浓度（质量分数）采用 EPMA 的检测数据，分别是 0.3%±0.1%、10%±2%、0.8%±0.2%。碳浓度采用式（5-2）的计算结果。

表 5-3 是计算得出的残余奥氏体体积分数、奥氏体碳含量和马氏体相变开始温度随温度的变化关系。随着脱稳温度从 950℃升高至 1100℃，高温奥氏体的碳元素固溶度随温度升高而增加，基体析出的二次碳化物随着温度升高而粗化，部分二次碳化物同时回溶入基体，二次碳化物的体积分数随之降低，残余奥氏体的碳含量（质量分数）不断增加，从 950℃的 0.39%增加到 1100℃的 1.18%，高温奥氏体的稳定性增加，*C* 曲线右移，马氏体相变开始温度从 231.3℃降低至 −102.0℃。

5.3.2 力学性能和磨损性能

图 5-5 是合金脱稳温度与力学性能的变化曲线。热处理工艺是在不同脱稳温度保温 2h，随后空冷至室温，再在 200℃保温 3h。铸态组织的基体硬度和冲击韧

性均偏低，为 358HV 和 3.2J/cm^2。经脱稳热处理后，合金的硬度和冲击韧性大幅提高。脱稳温度从 950℃升高至 1050℃的阶段，基体硬度和合金冲击韧性的变化规律呈反比例关系，基体硬度从 878HV 下降到 438HV，合金的冲击韧性从 5.3J/cm^2 增加到 8.1J/cm^2。当温度从 1050℃增加到 1100℃过程中，基体硬度和合金的冲击韧性同时下降，基体硬度从 438HV 下降至 332HV，合金的冲击韧性从 8.1J/cm^2 下降至 7.2J/cm^2。

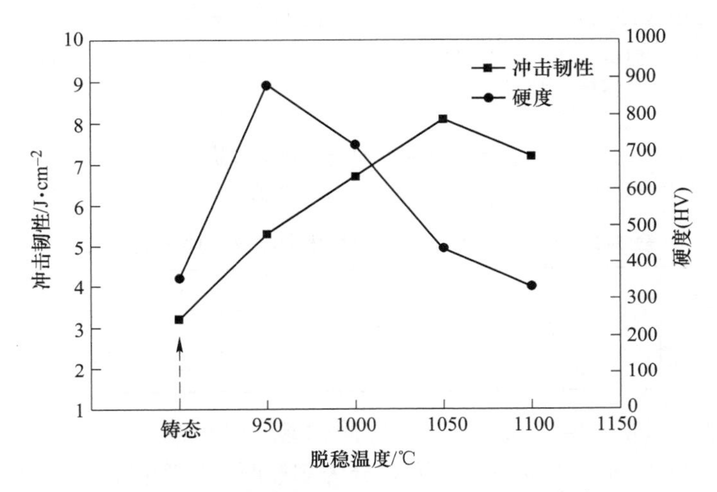

图 5-5 合金脱稳温度与力学性能的变化曲线

图 5-6 是脱稳温度为 950℃时合金的冲击断口形貌，如图所示，断口形貌分为韧性断裂区（a）和脆性断裂区（b）。表 5-4 是韧性断裂区和脆性断裂区的化学成分，由表可知，韧性断裂区属于合金的基体位置，脆性断裂区属于 M_7C_3 共晶碳化物位置。

(a)

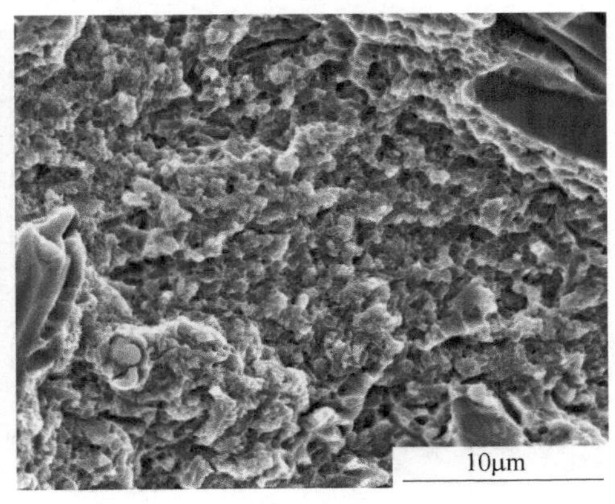

(b)

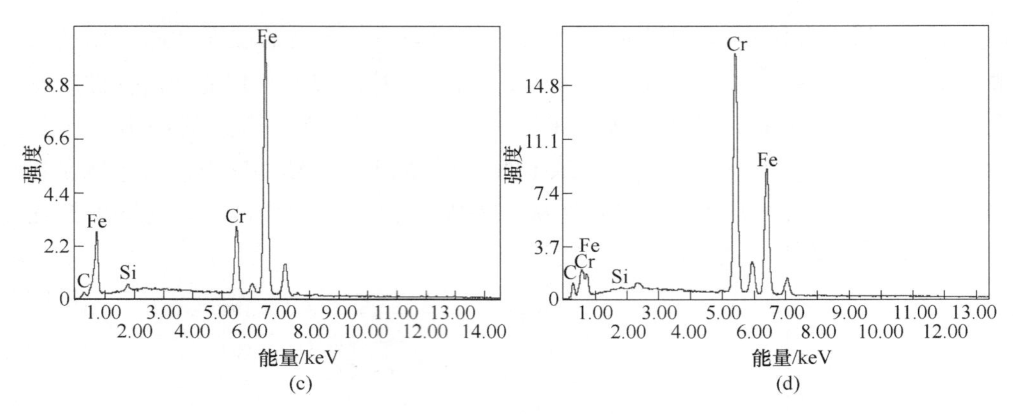

(c)　(d)

图 5-6　950℃的合金断口形貌

（a）低倍断口形貌；（b）高倍基体断口形貌；（c）*A* 位置的 EDS 能谱；（d）*B* 位置的 EDS 能谱

表 5-4　图 5-6 中 *A* 和 *B* 位置的化学成分（原子数分数）　（%）

位置	C	Si	Cr	Fe
A	3. 7	1. 3	11. 5	83. 5
B	36. 2	0. 3	35. 5	27. 5

图 5-7 是不同脱稳温度下合金的冲击断口形貌。对比 950℃、1000℃、1050℃和 1100℃的断口形貌可知，断口分为韧性断裂区和脆性断裂区。韧性断裂区域处于合金的基体位置，其断裂形貌因温度变化而不同，脆性断裂区为共晶碳化物的断裂位置，均为光滑的脆性解离断裂。对比不同温度的基体的断口形貌，可以看出 950℃的断口形貌呈层状分布，基体中的二次碳化物与基体紧密镶嵌在一起。1000℃基体断裂韧窝不明显，但嵌入在基体的杆状第二相粒子明显。1050℃的基体断裂形貌呈蜂窝状，韧窝最多，且尺寸最大，韧窝里面分布着第二相粒子。1100℃的基体断口形貌呈河流状，没有 1050℃断口形貌中的韧窝形貌。

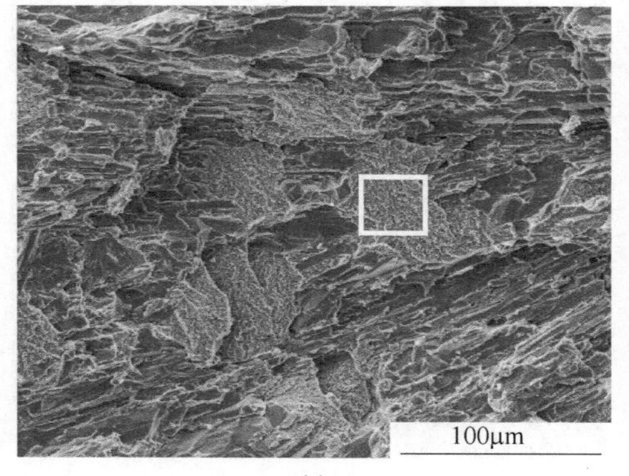

(a)

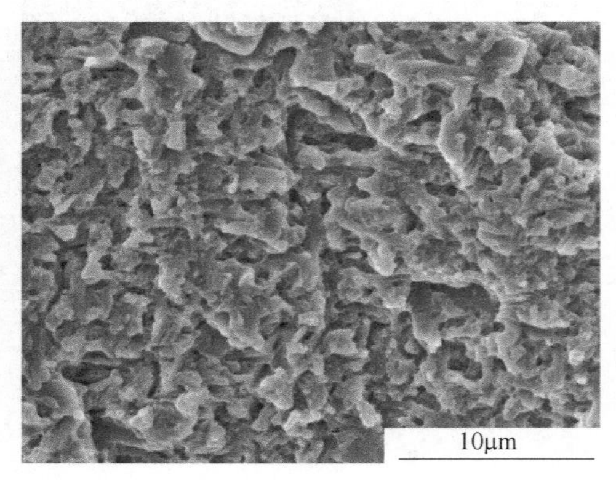

(b)

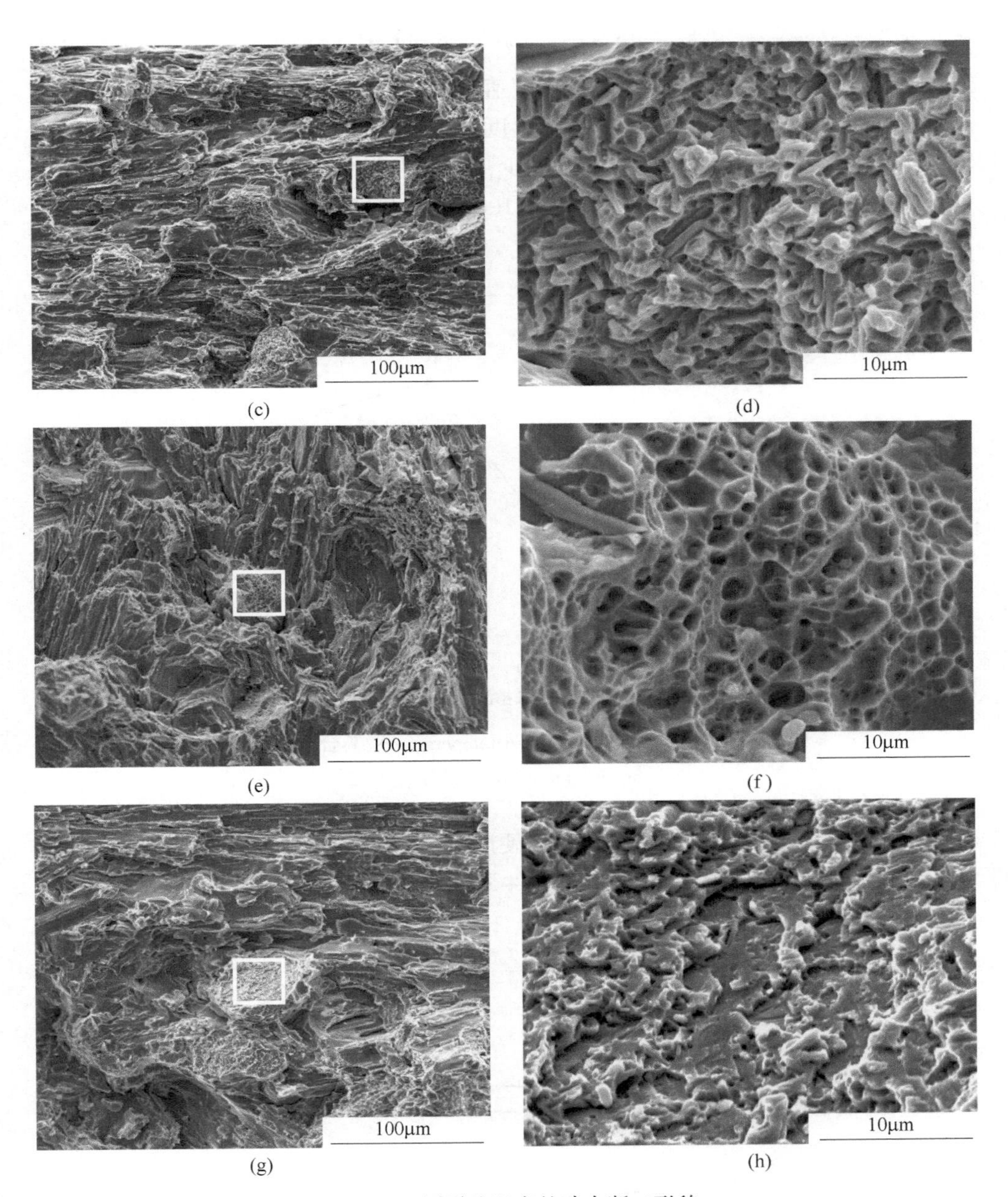

图 5-7 不同脱稳温度的冲击断口形貌

(a)(b)950℃;(c)(d)1000℃;(e)(f)1050℃;(g)(h)1100℃

图 5-8 是脱稳温度与合金磨损失重的变化曲线。磨损试验参数是橡胶轮转速为 240r/min，加载载荷为 100N，试验时间为 25min。如图 5-8 所示，整个磨损失重由低到高排序为 950℃磨损失重>1000℃磨损失重>1100℃磨损失重>1050℃磨

损失重。脱稳温度从 950℃ 升高至 1050℃，磨损失重从 0.4g 增加到 1.25g，并且 950～1000℃ 温度段的磨损失重增加幅度值（0.23g）小于 1000～1050℃ 温度段的磨损失重增加幅度值（0.63g）。脱稳温度从 1050℃ 继续升高至 1100℃，磨损失重从 1.25g 减少至 1.13g。磨损失重越少，耐磨性越高。因此，不同脱稳温度的合金耐磨性由高到低为 950℃ 耐磨性 > 1000℃ 耐磨性 > 1100℃ 耐磨性 > 1050℃ 耐磨性。

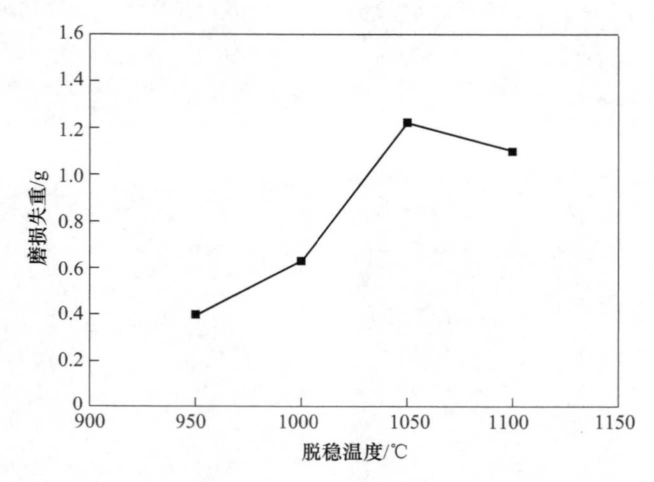

图 5-8 脱稳温度（destabilized temperature）与合金磨损失重（abrasive mass loss）的变化曲线

硬度的总体趋势由高到低是 950℃ 硬度 > 1000℃ 硬度 > 1050℃ 硬度 > 1100℃ 硬度。值得注意的是 1050℃ 和 1100℃ 条件下的横截面出现明显的表层硬化现象，如图 5-9 所示，硬化层在 1mm 以内。1100℃ 下的内侧硬度（36HRC）低于

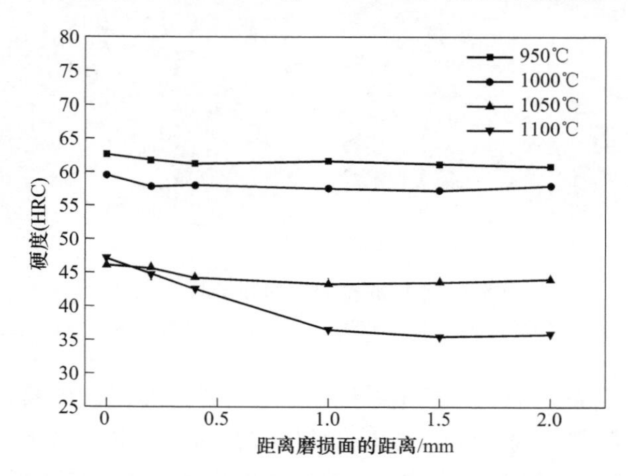

图 5-9 不同脱稳温度的合金磨损后样品横截面硬度分布曲线

1050℃下的内侧硬度（43HRC），但是磨损后，1100℃下的磨损面硬度（47HRC）却略高于1050℃下的磨损面硬度（46HRC），其内侧与表面之间的硬度增量大于1050℃的硬度增量。

图5-10是不同脱稳温度条件下合金表面的磨损形貌，如图所示，磨损表面均可以观察到大量因磨料对碳化物和基体磨损造成的坑（pitting）和犁沟（grooves）。磨坑主要是因为磨料不断对共晶碳化物进行磨损造成共晶碳化物的断裂和脱落。犁沟是磨料对基体进行犁削后的磨痕。犁沟的深浅代表基体抵抗磨料磨损的能力强弱，犁沟越浅，宽度越窄，说明基体抵御磨料磨损的能力越强。犁沟由深到浅依次是1050℃犁沟深度>1100℃犁沟深度>1000℃犁沟深度>950℃犁沟深度，这与合金的磨损失重序列相同。犁沟的宽度由窄到宽，脱稳温度依次是950℃（2～3μm）、1000℃（4～6μm）、1050℃（9～11μm）、1100℃（9～11μm），排序依次是950℃<1000℃<1050℃=1100℃，但是1050℃条件下的犁削深度大于1100℃，说明1100℃条件下合金基体抵御磨料磨损的能力强于1050℃。

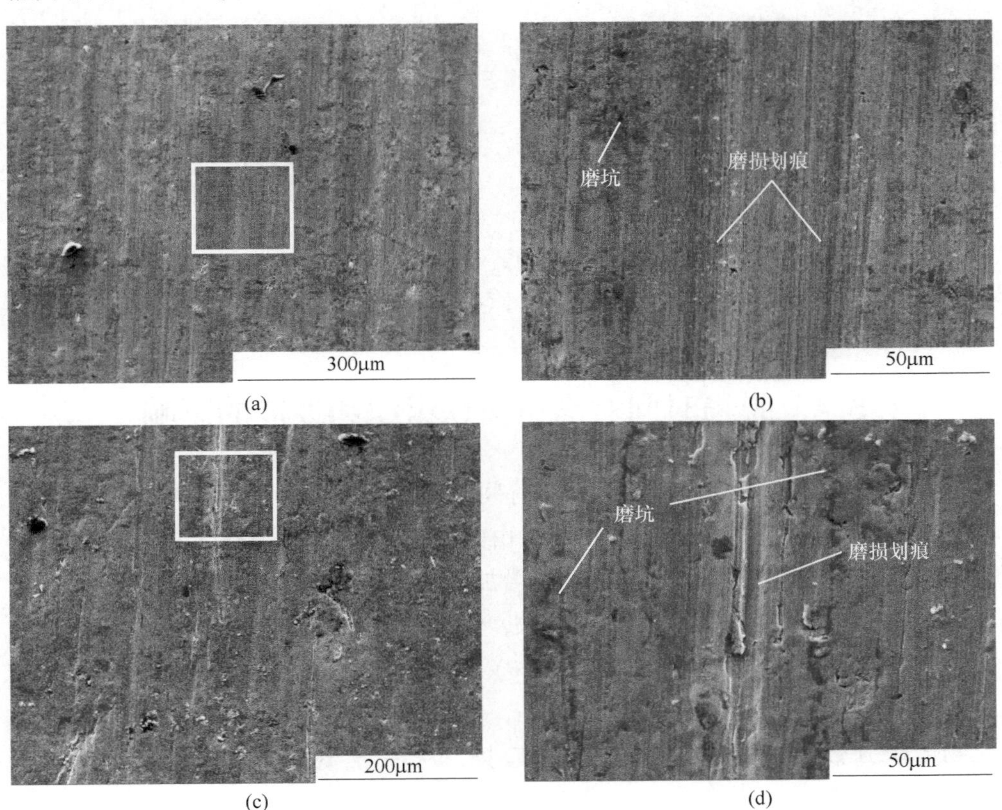

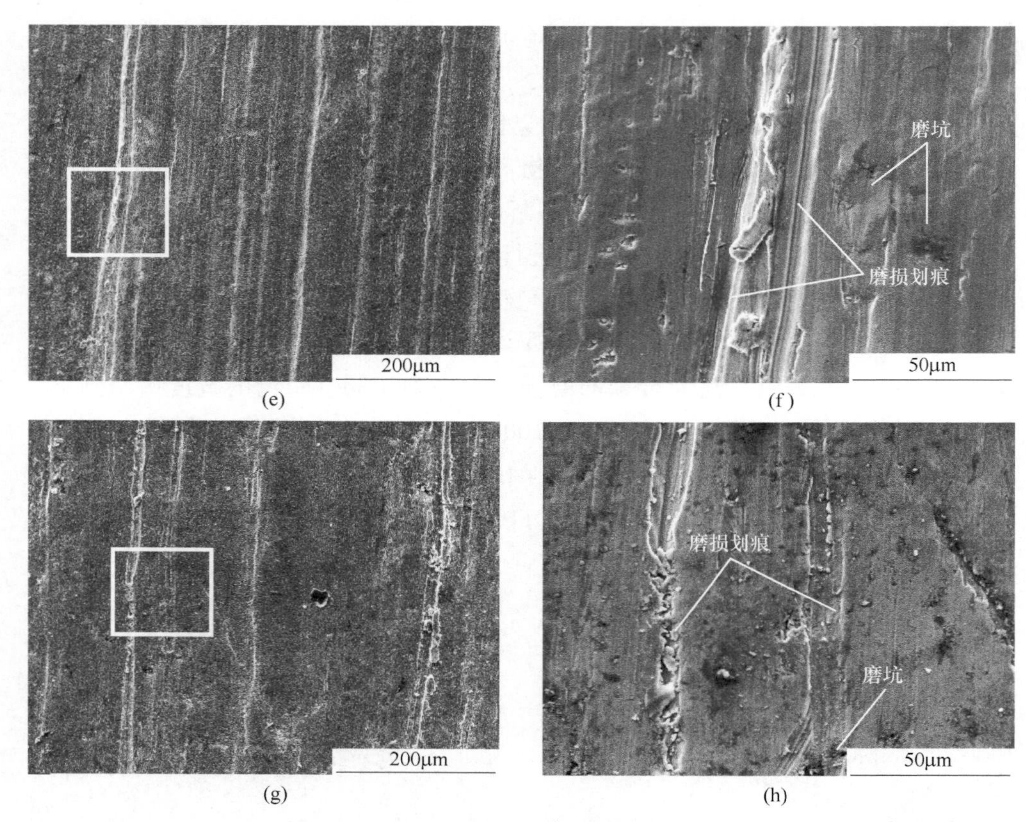

图 5-10 不同脱稳温度的磨损形貌
(a)(b)950℃;(c)(d)1000℃;(e)(f)1050℃;(g)(h)1100℃

5.4 脱稳时间对高铬铸铁组织和性能的影响

图 5-11 是 950~1050℃保温不同时间(10min、30min、1h、3h、6h、10h)基体析出二次碳化物特征的变化曲线,由图可知,950℃和 1000℃的二次碳化物体积分数从保温 10min 到 1h 期间不断增加,在保温 1h 时达到峰值,950℃的峰值体积分数大于 1000℃的峰值体积分数,但是在保温初期(保温 10min)1000℃条件下的二次碳化物体积分数(23%)大于 950℃的二次碳化物体积分数(16%)。随着保温时间从 1h 延长至 10h,体积分数呈下降趋势。1050℃的二次碳化物体积分数整个保温时期呈下降趋势,从保温 10min 的 30%下降到 10h 的 13%。

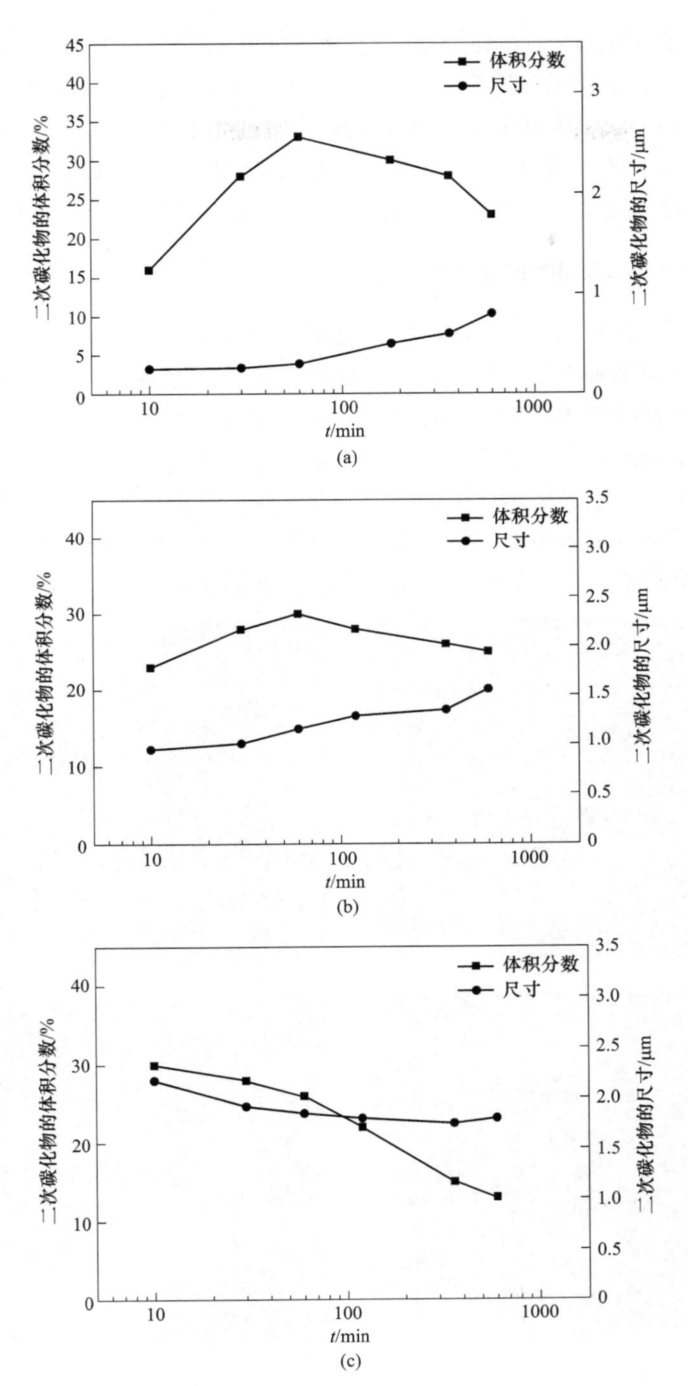

图 5-11 不同温度下保温时间与基体二次碳化物尺寸、体积分数的变化曲线

（a）950℃；（b）1000℃；（c）1050℃

如图 5-11 所示，950℃和 1000℃条件下二次碳化物的尺寸呈不断增加的趋势，1050℃呈不断下降趋势。950℃从保温 10min 的 0.25μm 增加到 10h 的 0.8μm，1000℃从保温 10min 的 0.95μm 增加到 10h 的 1.6μm，1050℃从保温 10min 的 2.2μm 增加到 10h 的 1.8μm。碳化物的尺寸方差变化趋势也不同，1000℃和 1050℃的尺寸方差呈不断减少趋势，950℃的尺寸方差呈不断增加趋势。

5.4.1 950℃保温不同时间析出相的变化

图 5-12 是 950℃保温 20min 时的基体和共晶组织的析出相形貌，由图可知，基体和共晶组织均析出了大量的二次碳化物，尺寸均在纳米级，基体不同区域析出的二次碳化物的形貌不同。如图 5-12（b）所示，基体的边缘区域（Ⅰ区域）的二次碳化物密度远远大于基体的中间区域（Ⅱ区域），Ⅰ区域二次碳化物的颜色衬度相对于Ⅱ区域的析出相更加亮白，Ⅱ区域的析出相密度小，呈粒状和方形形貌，衬度较暗，基体中奥氏体还未完全分解。另外，共晶碳化物之间的基体区域也析出大量的纳米尺寸的粒状二次碳化物，如图 5-12（d）所示。

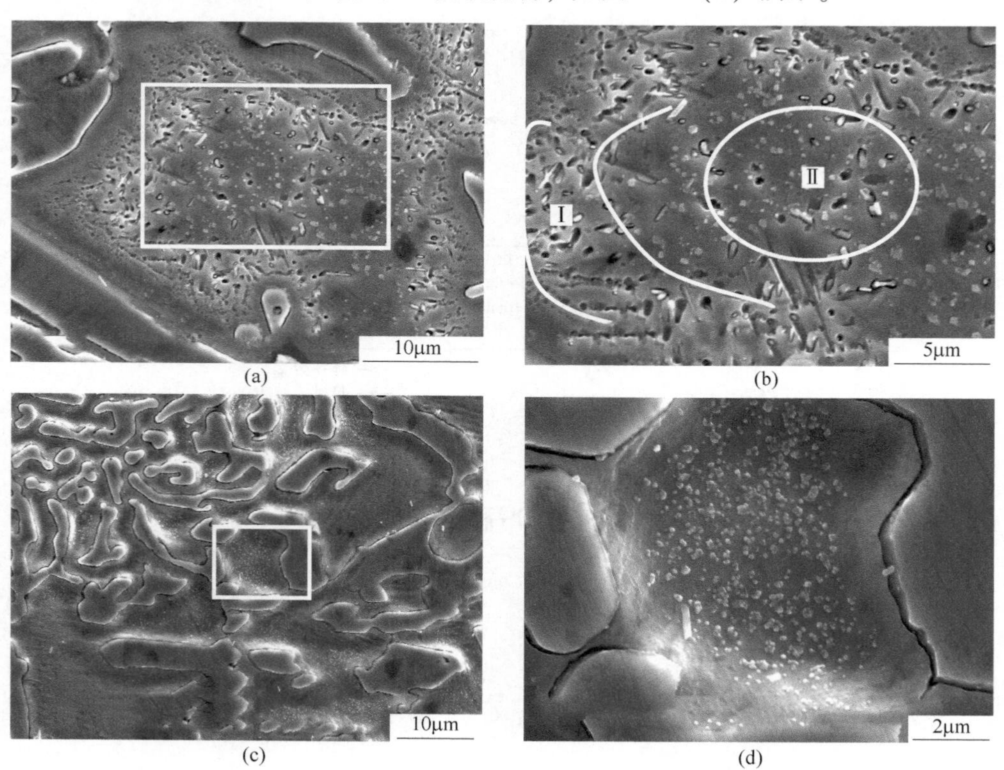

图 5-12 950℃保温 20min 基体和共晶组织的析出相形貌
（a）（b）基体组织；（c）（d）共晶组织

图 5-13 是在 950℃保温不同时间的基体组织形貌。在保温 10min 时，大量粒状二次碳化物从基体中析出，尺寸在 0.1~0.3μm，残余奥氏体开始分解。析出从基体的边缘开始（如箭头所示）沿基体中心发展，随着时间的延长，二次碳化物数量不断增加，在保温 1h 达到峰值。随着保温时间的延长，碳化物开始粗化、密度和体积分数有所下降，并且出现部分杆状二次碳化物。二次碳化物从 1h 的 0.3~0.4μm 粗化到 10h 的 0.5~1.1μm，其中保温 10h 时的碳化物主要由粒状碳化物（0.5~0.7μm）和杆状碳化物（长 0.8~1.3μm，长宽比 5~7）组成。

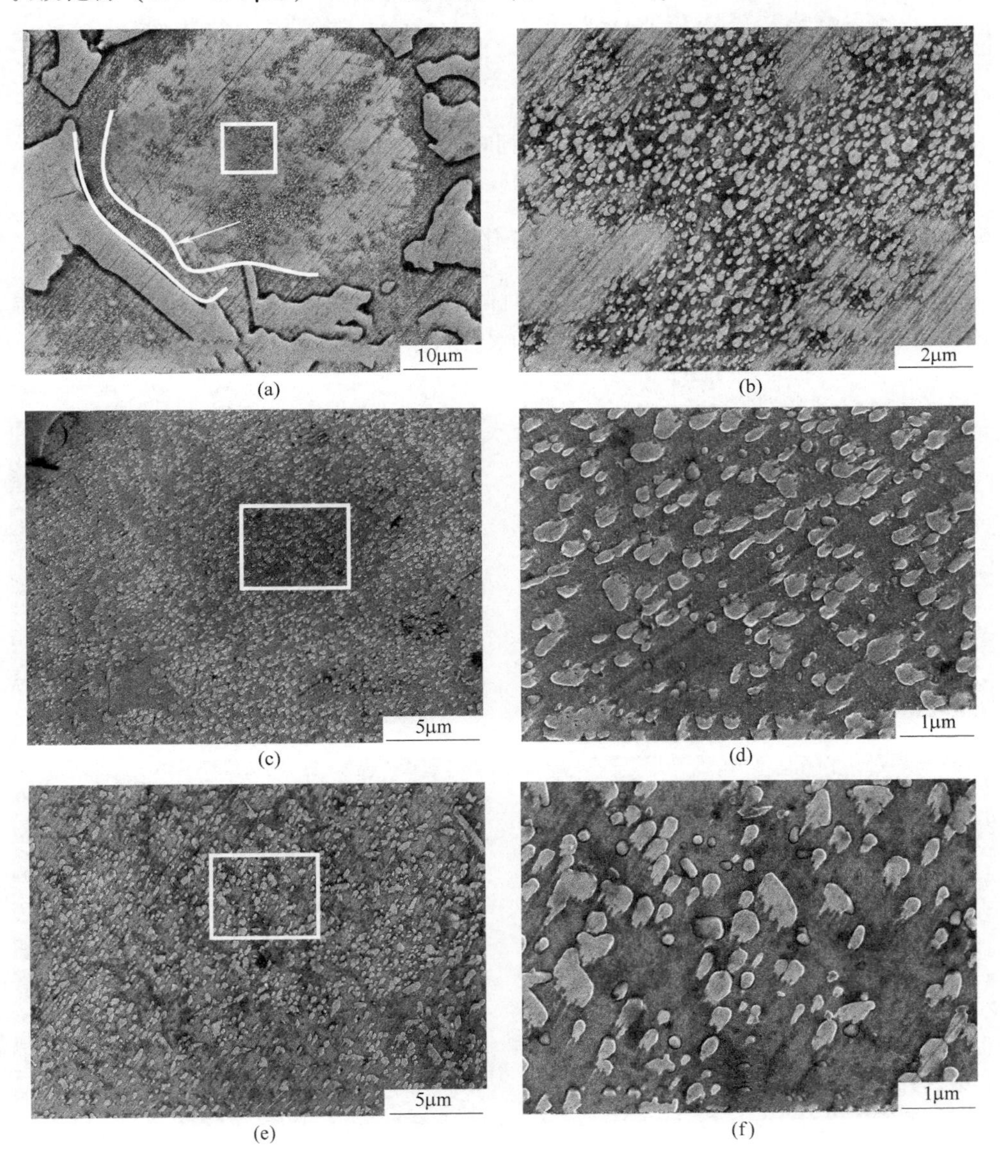

(a) (b) (c) (d) (e) (f)

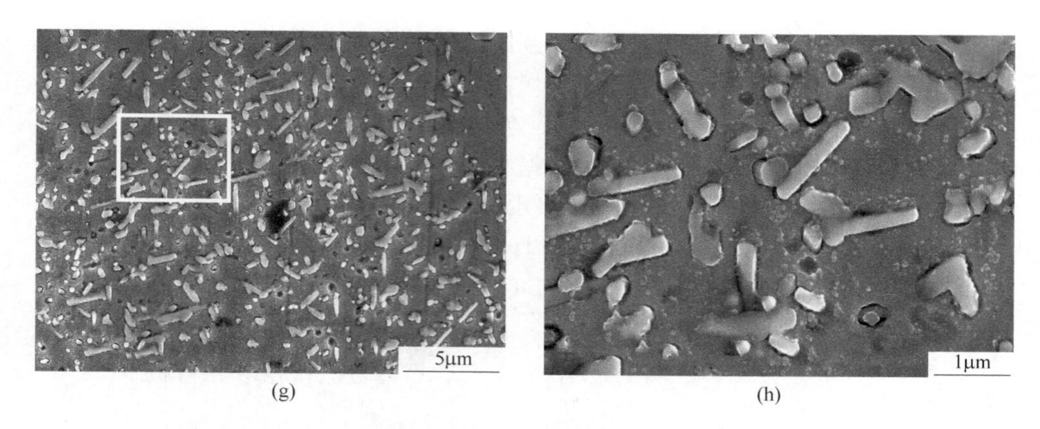

(g)　(h)

图 5-13　950℃保温不同时间基体析出相的形貌
(a)(b)10min；(c)(d)1h；(e)(f)3h；(g)(h)10h

5.4.2　1000℃保温不同时间析出相的变化

图 5-14 是合金在 1000℃保温不同时间的基体组织形貌，如图所示，在保温 10min 时，基体析出二次碳化物的数量和尺寸大于同期 950℃条件下的数量和尺寸，

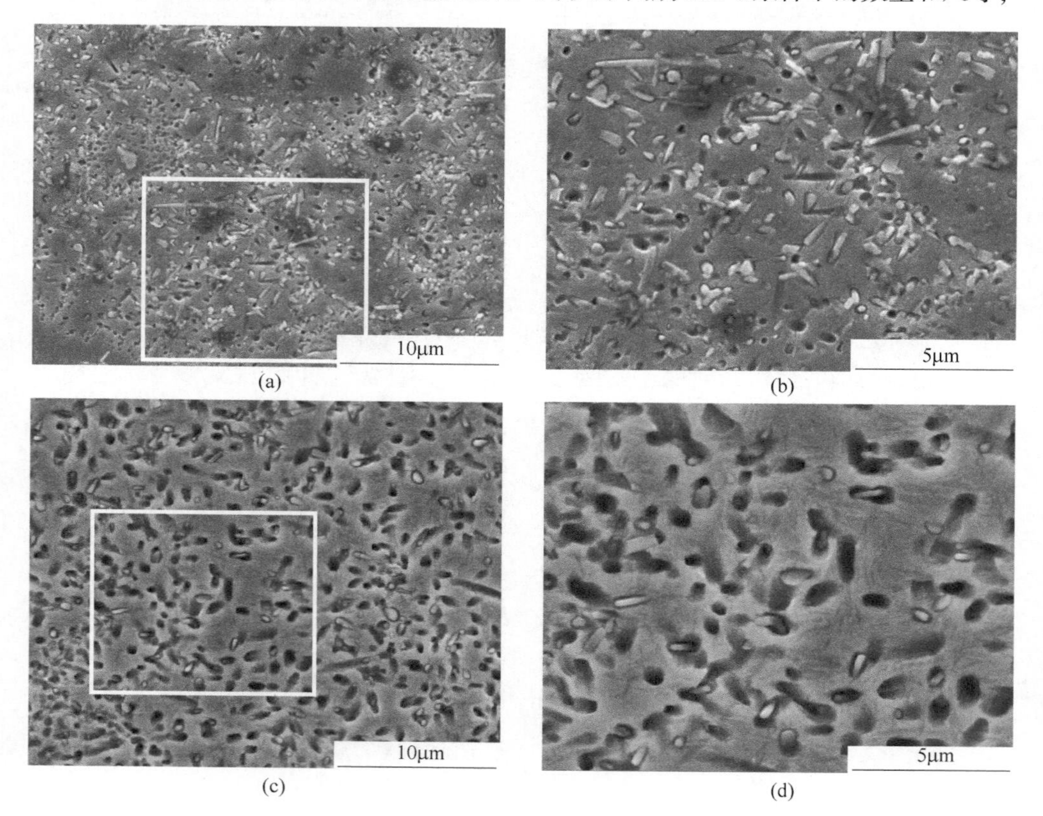

(a)　(b)
(c)　(d)

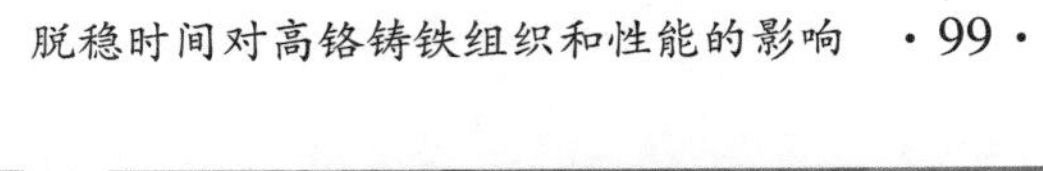

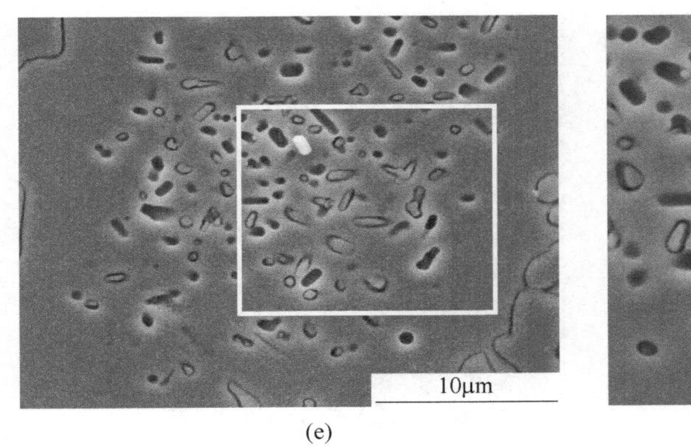

(e)

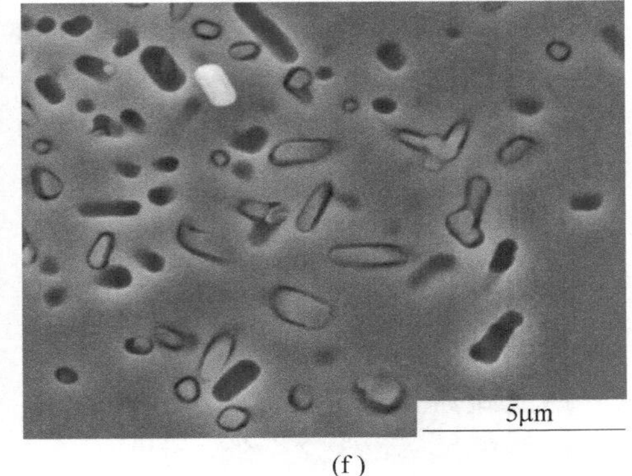

(f)

图 5-14 1000℃保温不同时间基体析出相的形貌
(a)(b) 10min;(c)(d) 1h;(e)(f) 10h

铸态的残余奥氏体已基本分解完全。与 950℃不同，1000℃保温 10min 的二次碳化物含有杆状和粒状两种形貌，因此尺寸方差大于同期 950℃。二次碳化物的尺寸和体积分数同步增加，在 1h 达到峰值。随着时间的延长，二次碳化物开始粗化，二次碳化物的尺寸从 1h 的 0~1.4μm 粗化到 10h 的 1.4~1.8μm。

5.4.3 1050℃保温不同时间析出相的变化

图 5-15 是合金在 1050℃保温不同时间的基体组织形貌，如图所示，保温 10min 时，基体析出的二次碳化物的密度最大，二次碳化物的尺寸和密度大于 950℃和 1000℃同期二次碳化物的尺寸和密度，且基体中间析出的碳化物形貌以杆状为主，杆的长度在 2.5~3.0μm，基体边缘区域以粒状碳化物为主，尺寸在 0.5~0.8μm，因此碳化物的尺寸方差最大，如图 5-11 所示。随着保温时间的延长，二次碳化物的密度和体积分数不断下降，尺寸变化差异小，样品的腐蚀难度增加。

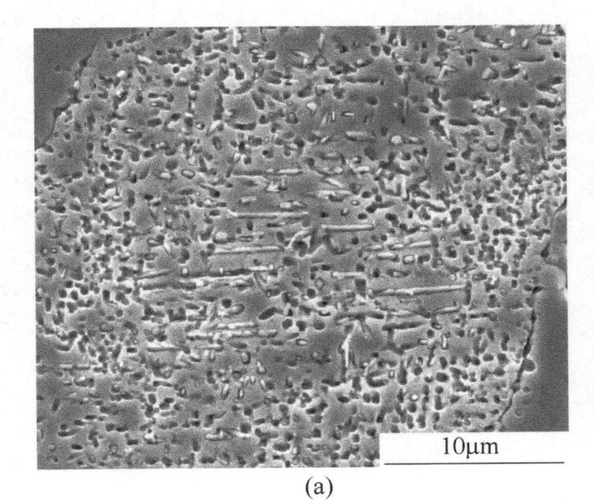

(a)

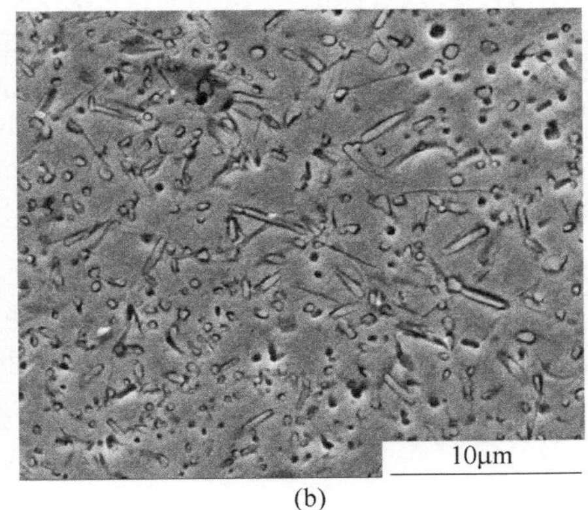

(b)

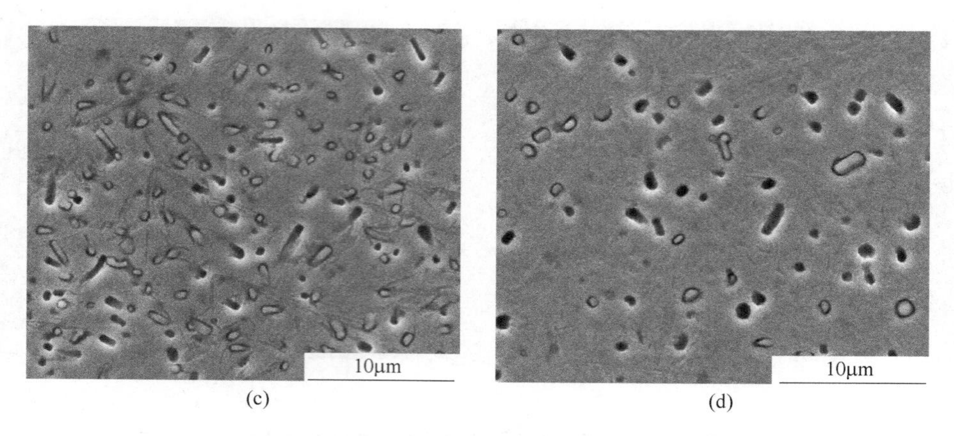

(c)　　(d)

图 5-15　1050℃保温不同时间基体析出相的形貌

(a) 10min；(b) 1h；(c) 6h；(d) 10h

根据目前的文献报道[102]，M_7C_3 共晶碳化物在脱稳热处理过程是不发生变化的。图 5-16 是 1050℃保温 1h 和 10h 共晶碳化物的形貌，如图所示，在 1050℃保温 1h，共晶碳化物没有任何变化，碳化物表面光滑，棱角尖锐、清晰；当保温时间达到 10h 时，共晶碳化物的棱角出现钝化，与保温 1h 的共晶碳化物形貌相比，尖锐棱角变得圆滑，并且部分共晶碳化物的内部出现微孔形貌。图 5-17 是 1050℃保温 10h 共晶碳化物的 EPMA 面分析图，如图所示，共晶碳化物的内部析出了第二相粒子，尺寸为纳米级，其成分主要是碳、铬、铁，可能是 M_3C、M_7C_3 或 $M_{23}C_6$，由于其尺寸处于纳米尺度，探针无法对其成分进行定量分析，其析出的动力学和种类需进一步研究。

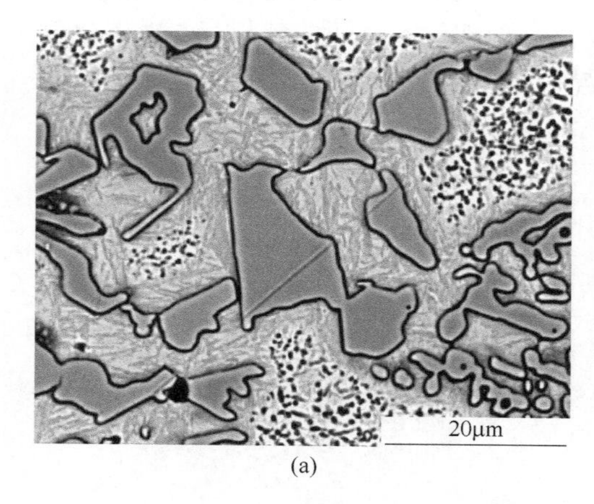

(a)

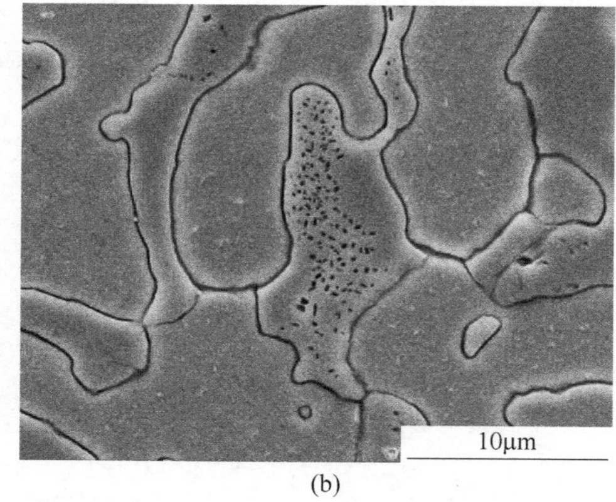

(b)

图 5-16　1050℃保温 1h 和 10h 共晶碳化物的形貌

(a) 保温 1h；(b) 保温 10h

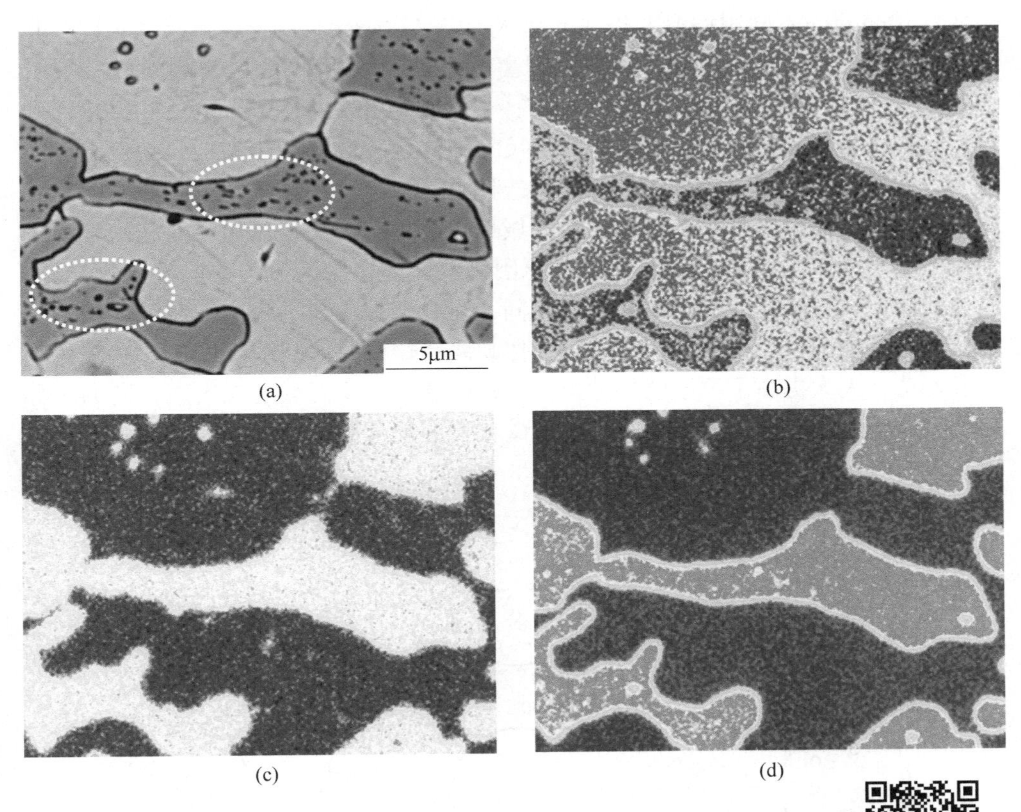

图 5-17　共晶碳化物在 1050℃保温 10h 的 EPMA 面分析图
(a) 组织形貌；(b) Fe 元素分布；(c) C 元素分布；(d) Cr 元素分布

图 5-17 彩图

5.5　分析与讨论

5.5.1　脱稳处理（温度、时间）对基体析出相的影响

根据 Efremenko 等人[103]对高铬铸铁二次碳化物析出行为的研究结果，脱稳热处理过程中二次碳化物的析出分为形核阶段和粗化长大阶段，粗化长大阶段即奥斯特熟化过程（Ostwald ripening process）。形核阶段的定义是基体析出的二次碳化物尺寸和体积分数同步增加的阶段。粗化长大阶段是二次碳化物的尺寸增加，但体积分数减少的阶段。结合图 5-11 的数据，脱稳温度为 950℃和 1000℃的形核阶段是 0~1h 时间段，粗化长大阶段是 1~10h 时间段，1050℃的形核阶段则是 0~10min 时间段，粗化长大阶段是 10min~10h 时间段。

图 5-18 是脱稳温度和时间对基体析出相的影响示意图，如图所示，在脱稳

初期（10min），不同脱稳温度条件下基体析出二次碳化物的含量和尺寸不同，其规律为 1050℃>1000℃>950℃。温度越高，原子扩散速率越快，形核速率越快，临界形核尺寸越大，体积分数越大[93]。保温 10min 对于 950℃、1000℃ 和 1050℃均属于形核阶段，二次碳化物的尺寸和体积分数都同步增加，随着温度的升高，形核率越高，临界形核尺寸越大，因此 1050℃的二次碳化物的尺寸最大，体积分数也最高。另外，基体的边缘区域形核阶段的二次碳化物尺寸和密度大于基体的中间区域，如图 5-12 所示，其原因是基体的边缘区域与共晶碳化物交界，因为基体和共晶碳化物的热膨胀系数不同，在升温和冷却过程中，在该区域形成了大量的晶格空位、位错、滑移带等晶体缺陷，这些晶体缺陷降低了二次碳化物的形核功，大大提高了原子的扩散速率，因此基体边缘区域的二次碳化物的临界形核尺寸更大，形核速率更快，其二次碳化物的尺寸和密度也就大于基体中间区域的二次碳化物。

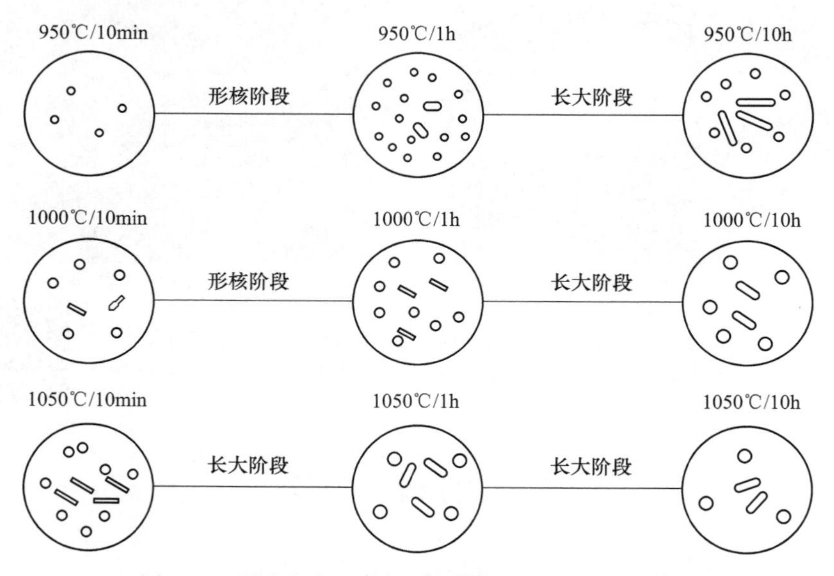

图 5-18 脱稳温度、时间对基体析出相的影响示意图

随着保温时间延长至 1h，950℃和 1000℃条件下基体析出的二次碳化物体积分数达到峰值，950℃条件下基体析出的二次碳化物体积分数大于 1000℃，这是因为 1000℃平衡条件下基体中碳和合金元素固溶度大于 950℃。保温时间从 10min 增加到 1h，1050℃条件下的二次碳化物进入粗化长大阶段，二次碳化物进一步粗化，体积分数进一步降低。

保温时间从 1h 增加到 10h，所有温度条件下基体的二次碳化物都进入粗化长大阶段，温度越高，粗化速率越快，基体中的体积分数越少，这是因为温度越高，基体中碳和合金元素的固溶度越大，长时间保温过程中，碳化物粗化的同时伴随大量的二次碳化物回溶入基体中。

脱稳热处理过程中基体析出的二次碳化物分为杆状和粒状两种形貌。在950℃条件下，随着时间的增加，粒状二次碳化物的占比不断减少，杆状二次碳化物的占比不断增加，长度也随着时间的延长而增加。在保温初期（10min）的形核阶段，随着温度从950℃升高到1050℃，杆状二次碳化物的比例不断增加，杆状碳化物的长度也不断增加。二次碳化物的铬碳比是影响二次碳化物形貌的关键因素，铬碳比越高，形貌越趋近于杆状。Powell 等人[94]认为脱稳初期析出的粒状二次碳化物是 $M_{23}C_6$，杆状二次碳化物是 M_7C_3，并随着时间的延长，粒状的 $M_{23}C_6$ 碳化物原位转变为杆状的 M_7C_3 碳化物，其取向关系为 $[100]_{M_{23}C_6}$ // $[100]_{M_7C_3}$，$(015)_{M_{23}C_6}$ // $(010)_{M_7C_3}$。根据 Rivlin 计算的平衡相图[104]，在铬含量（质量分数）为15%~20%的亚共晶高铬铸铁成分，基体析出的二次碳化物的稳定相是 M_7C_3 碳化物，而 $M_{23}C_6$ 碳化物或 M_3C 碳化物是一种不稳定的过渡碳化物。脱稳初期的粒状二次碳化物可能是 $M_{23}C_6$ 碳化物或 M_3C 碳化物，随着时间的延长，亚稳态的 $M_{23}C_6$ 碳化物或 M_3C 碳化物向稳定态的杆状 M_7C_3 二次碳化物转化。950℃保温 10min~1h 阶段，初期的亚稳态 $M_{23}C_6$ 碳化物或 M_3C 碳化物向稳定态的 M_7C_3 碳化物不断转化，杆状形貌的二次碳化物不断增加，保温 1~10h 阶段，杆状 M_7C_3 碳化物的铬碳比不断增加，碳化物的长度也不断增加。脱稳温度从950℃升高到1050℃，原子扩散速率越快，形成稳定态的杆状 M_7C_3 碳化物的比例就越高，长度也越长[105]。

5.5.2 脱稳热处理对高铬铸铁性能的影响机理

合金的硬度取决于两个方面：基体硬度和碳化物的硬度。基体的硬度主要取决于马氏体的含量和分布在基体上二次碳化物的体积分数和尺寸。随着脱稳温度从950℃升高到1050℃，马氏体含量不断减少，残余奥氏体含量不断增加，并且二次碳化物体积分数也不断减少，因此合金基体的硬度从878HV下降到438HV。当温度从1050℃升高到1100℃，残余奥氏体含量略有增加，但是二次碳化物的体积分数从23%下降到13%，基体硬度从438HV下降到332HV，说明二次碳化物体积分数的减少对基体硬度的降低作用大于残余奥氏体含量减少对于基体硬度的提高作用，因此硬度呈下降趋势。Gahr 等人[98]认为亚共晶高铬铸铁韧性主要取决于基体的特征。而基体的韧性主要取决于残余奥氏体的含量及其碳含量。脱稳温度从950℃升高到1050℃，基体组织中残余奥氏体含量的增加使得合金的冲击韧性从 $5.3J/cm^2$ 增加到 $8.1J/cm^2$。温度从1050℃增加到1100℃过程中，合金的冲击韧性从 $8.1J/cm^2$ 下降至 $7.2J/cm^2$。根据 Meyer 的观点[106]，随着温度的升高，残余奥氏体中的碳含量增加使得残余奥氏体变得更稳定，在高应力作用下残余奥氏体容易转变为未回火的高碳马氏体，未回火的高碳马氏体韧性差，合金的韧性随之变差。1100℃下的残余奥氏体的碳含量（质量分数为 1.18%）高于 1050℃下的残余奥氏体的碳含量（质量分数为 0.88%），残余奥氏体的碳含量增加，高应力作用下易发生奥氏体→高碳马氏体转变，使得合金的冲击韧性降低。

根据 Penagos 等人[107]的研究，三体磨损的主要机理是微孔切削和塑性变形。合金的耐磨性主要由碳化物含量、种类和基体的特征所决定。碳化物与基体之间的支撑保护作用是相辅相成的[108]。在低应力磨损条件下，基体组织中分布着的二次碳化物的体积分数越高，马氏体的含量越高、基体的硬度就越高，基体抵御磨料磨损的能力就越强，其对碳化物的支撑保护作用就越好，合金的耐磨性也就越高。950℃基体的二次碳化物体积分数最高，具有最好的弥散强化效应，基体为马氏体组织，因此硬度值最高，耐磨性也最好。不同温度条件下的耐磨性由高到低排序为 950℃耐磨性>1000℃耐磨性>1100℃耐磨性>1050℃耐磨性。脱稳温度从 950℃升高至 1050℃，二次碳化物的体积分数从 950℃的 30%下降到 1000℃的 28%，再下降到 1050℃的 23%，与此同时，基体中残余奥氏体的含量不断增加，马氏体的含量不断减少，使得合金的磨损失重从 950℃的 0.4g 增加到 1050℃的 1.25g。脱稳温度从 1050℃升高至 1100℃，磨损失重从 1.25g 减少至 1.13g。脱稳温度从 1050℃升高至 1100℃，二次碳化物的体积分数持续下降，硬度也在下降，但是 1100℃的耐磨性却高于 1050℃，这可能与残余奥氏体的碳含量有关。根据 Tabrett 的解释[109]，高应力条件下更容易发生奥氏体→马氏体相变，产生硬化效应。1100℃下的残余奥氏体的碳含量更高，在磨损应力条件下转变为高碳马氏体，碳含量越高，马氏体的硬度越高，磨损过程中在磨损表面获得一层高硬度的高碳马氏体组织，产生了相变硬化现象，因此提高了合金的耐磨性。

5.6　小　　结

（1）不同脱稳温度的合金峰值硬度序列是 950℃硬度>1000℃硬度>1050℃硬度>1100℃硬度。基体的硬度主要取决于马氏体的含量和分布在基体上二次碳化物的体积分数和尺寸。脱稳温度为 950℃时，二次碳化物的析出体积分数最大，尺寸最细小，基体为马氏体组织，基体硬度也最高。随着温度从 950℃升高到 1100℃，二次碳化物的尺寸增大，体积分数降低，残余奥氏体增加，基体的硬度不断下降。

（2）不同脱稳温度的合金冲击韧性序列是 1050℃冲击韧性>1100℃冲击韧性>1000℃冲击韧性>950℃冲击韧性。脱稳温度从 950℃升高到 1050℃，合金的冲击韧性从 5.3J/cm^{2}增加到 8.1J/cm^2，合金的冲击韧性在 1050℃达到峰值，韧性增加的原因是组织中残余奥氏体含量不断增加，第二相粒子尺寸增大、含量变少的结果。脱稳温度从 1050℃ 升高到 1100℃，合金的冲击韧性从 8.1J/cm^2 下降到 7.2J/cm^2，温度的升高使得奥氏体中溶入的碳含量（质量分数）从 0.88%增加到 1.18%，残余奥氏体在高应力作用下转变为未回火的高碳马氏体，使得合金的冲击韧性降低。

（3）不同脱稳温度的合金耐磨性序列是 950℃耐磨性>1000℃耐磨性>1100℃耐磨性>1050℃耐磨性。950℃基体具有最高的二次碳化物析出含量，基体全为马氏体组织，硬度值最高，耐磨性也就最高。脱稳温度从 950℃升高到 1050℃，残余奥氏体的含量增加，二次碳化物的体积分数不断减少，基体的硬度不断降低，耐磨性逐渐降低。脱稳温度从 1050℃升高至 1100℃，二次碳化物的体积分数持续下降，硬度也在下降，但是 1100℃的耐磨性却高于 1050℃，这是因为 1100℃下的残余奥氏体的碳含量更高，在磨损应力条件下转变为了高碳马氏体组织，在磨损表面获得一层高硬度的马氏体组织，提高了合金的耐磨性。

6 高铬铸铁复合轧辊的制造技术

6.1 引　　言

螺纹钢精轧机架前段不仅轧制负荷大，而且承受的热应力也大，高铬铸铁复合轧辊辊身工作层的基体组织为马氏体，基体组织中均匀分布着 M_7C_3 型碳化物，这类碳化物有很高的显微硬度，可以达到 1600～1900HV。这种在具备一定硬度的基体上嵌入高硬度的颗粒组织形态成了综合性能很好的耐磨体系，使高铬铸铁复合轧辊拥有优异的耐磨性能。更为重要的是高铬铸铁复合轧辊在轧制时辊身表面覆盖有一层热稳定性及耐磨性良好的 Cr_2O_3 氧化膜，因此保证了高铬铸铁复合轧辊在精轧机组前段使用时具有高耐磨的特性。高铬铸铁复合轧辊逐渐取代了传统的高镍铬无限冷硬铸铁轧辊及合金半钢轧辊，用于精轧机前段。高铬铸铁复合轧辊是以铬含量为 12%～22%的高铬白口耐磨铸铁为轧辊辊身外层材质，以球墨铸铁或高韧性灰口铸铁为轧辊芯部材质，采用离心复合浇铸工艺而生产的三层复合轧辊。对普通的高铬铸铁复合轧辊进行改进，对外层材质进行科学的成分设计，使得外层材质碳化物细小且均匀分散，加入的微量合金使外层材质基体组织得到细化，并产生细小均匀分布的耐磨相。同时对轧辊进行高温淬火和回火热处理，材料的强度、韧性及耐磨性进一步得到提高。

6.2 铸造工装设计与造型工艺

6.2.1 铸造工装设计

按照“铸造工装设计经验参数的确定”原则，确定冷型型腔尺寸；然后结合国内 A 企业的一台大型卧式离心浇铸机的特性要求（包括离心浇铸机的轮距和安全夹角）进行金属型冷型的制造工艺设计；以冷型为重点，顺延设计出端盖及其相关系统。

以棒材轧线最常用的 ϕ380mm×650mm 规格轧辊为例，大型离心复合铸造工作辊冷型型腔直径 D(单位：mm）计算公式为

$$D = (\phi + \Delta d) \times 1.015 + 2 \times \delta \tag{6-1}$$

式中，轧辊公称直径 ϕ 取为 380mm；轧辊辊身直径切削加工余量 Δd 选取 20mm；

冷型内表面覆膜砂涂料层的厚度 δ 取为 2mm。

$$D=(380\text{mm}+20\text{mm})\times 1.015+2\times 2\text{mm}=410\text{mm}$$

因此得出冷型型腔直径为 410mm。

冷型型腔长度 l(单位：mm) 的确定。离心复合铸造工作辊冷型型腔长度 l 计算公式为

$$l=(L+\Delta l)\times 1.02 \tag{6-2}$$

式中，轧辊公称长度 L 为 650mm；轧辊辊身长度切削加工余量 Δl 选取 27mm。

$$l=(650\text{mm}+27\text{mm})\times 1.02\approx 690\text{mm}$$

因此得出冷型型腔长度为 690mm。综合上述尺寸，设计的 ϕ380mm×650mm 工作辊金属型冷型制造图见图 6-1。

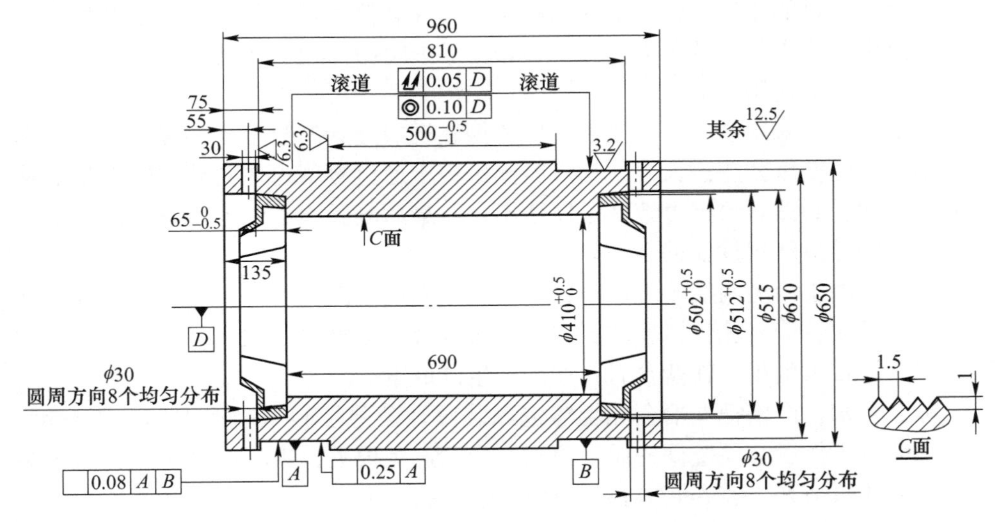

图 6-1 ϕ380mm×650mm 工作辊金属型冷型设计图

冷型壁厚 S（单位：mm）的确定：冷型壁厚对辊身工作层的宏观组织有重要的影响。不言而喻，同样的材料，热导率是一个不变的数值，而热阻值则是随厚度增加而增大。冷型壁厚过厚时，由于热阻值增加，冷型蓄热量大，冷型外表面温度偏低，向周围介质辐射散热作用小，致使轧辊和辊环辊身工作层的次表层凝固速度大大减缓。

金属型冷型壁厚尺寸的确定：国内外铸造轧辊制造企业提出了多种经验计算公式。当金属型冷型采用灰铁材质时，冷型壁厚尺寸按下式计算：

$$S=(0.1\sim 0.2)D+(30\sim 80\text{mm}) \tag{6-3}$$

式中，D 为辊身公称直径，为 380mm。考虑到该轧辊直径偏小，式中的系数取下限值，按上述公式计算得出的金属型冷型最佳壁厚值均为 75mm 左右。

冶金轧辊铸造工装设计与制造中的公差指尺寸公差和形位公差。国内轧辊制

造企业对此公差数值的控制范围普遍偏宽，由此造成的诸多弊端不同程度地影响到成品轧辊的内在质量。例如，采用卧式离心浇铸工艺生产热轧带钢连轧机精轧后段用高速钢复合工作辊时，若冷型外圆与离心机相接触的两条滚道部位的形位公差（包括同轴度和全跳动）偏低，则在离心浇铸过程中，离心冷型很有可能发生振动。尤其是当该冷型处在临界状态升速旋转中，极易产生较大幅度的跳动，进而影响轧辊的铸造质量。

在冷型发生振动的情况下，浇入型腔内的多元合金铁水在凝固过程中极易发生合金元素的偏析，高速钢复合轧辊材质的化学元素（主要是钒、铬元素）的偏析，将导致辊身工作层中碳化物的分布呈现梯度规律，而且随着振动增大，这种梯度现象会更严重。因此，从辊身表面往内部延伸，各部位的硬度以及抗热裂性能也存在明显的差异。带有上述缺陷的轧辊在轧钢过程中，不仅容易产生热裂纹，甚至由于应力状态的不同，将引发浅层次的小块剥落和深层次的大块剥落，严重降低轧辊的使用寿命。

又如，对于采用金属冷型浇铸整体铸钢轧辊或高碳高合金半钢轧辊，当金属冷型不同部位壁厚公差过大时，钢液凝固过程中通过冷型内壁向外传输热量的速度截然不同，必然导致辊身致密层厚薄不一，最后凝固中心向壁厚偏厚的一侧偏移，由此将导致轧辊性能的不均匀性。

再如，由于冷型两端子母口与冒口箱、中圈或底座箱子口、母口之间的尺寸配合公差过大，造成轧辊铸坯的冒口与辊身以及与下辊颈之间相互不同心，给切削加工工序带来困难，耗费台时，增加了生产成本。

综上可知，严格把握冶金轧辊铸造工装设计公差控制与制造中的加工精度，应当是铸造工作者必须遵循的质量原则。为了避免损失，现将典型轧辊铸造工装设计的公差数值列于表6-1，可视具体情况参考使用。

表 6-1　国内企业关于大型离心复合工作辊铸造工装公差参考数值

类别	尺寸公差	形位公差
金属冷型及端盖	（1）辊身外圆两滚道尺寸（ϕ）相差不允许超过 0.05mm； （2）冷型内腔两端直径误差应小于 0.5mm； （3）冷型两端与端盖相连的母子口公差为 $\phi^{+0.5}_{0}$； （4）端盖与冷型相连的公子口公差为 $\phi^{0}_{-1.0}$； （5）端盖与冒口箱、底座箱相连的公子口公差为 $\phi^{-0.5}_{-1.5}$	（1）辊身外圆两滚道部位全跳动公差不允许超过 0.05mm； （2）内外圆同轴度不允许超过 0.1mm； （3）嵌入冷型内腔的端盖，两端面不平行度≤0.08； （4）端盖内外圆同轴度不得大于 0.15； （5）端盖上、下平面平行度为 0.08

续表 6-1

类别	尺寸公差	形位公差
冒口箱	(1) 与端盖相配合的母子口公差为 $\phi_{+0.5}^{+1.5}$； (2) 与浇口杯相配合的母子口公差为 $\phi_{-1.0}^{+2.0}$	(1) 上、下子口的同轴度小于 0.5； (2) 上、下平面的平行度为 0.5
底座箱	与端盖相配合的母子口公差为 $\phi_{+0.5}^{+1.5}$	
浇口杯	与冒口箱相配合的公子口公差为 $\phi_{-1.0}^{+2.0}$	

6.2.2 造型工艺

各种规格轧辊的工装，在使用前要求专人进行检查，对不符合图纸和生产要求的工装，应及时上报修复，不能修复的须申请报废，计划重新定做。各种工装的子口、型腔在使用前，必须清理干净（如氧化铁皮、残留型砂、杂物等），当子口铁壁侵蚀超过 2mm 时，须重新加工后才能继续使用。造型前，造型人员应确认所生产轧辊的规格尺寸，并检查样模完好后方可造型生产。底座、冒口、端盖造型前，子口应清理干净。在造型时，箱要放平整，模具要放正，确保吃砂均匀、紧实度适中，待整个造型全部完成后再上涂料。

底座箱和冒口箱采用水玻璃砂进行造型，端盖采用黏土砂进行造型。底座箱和冒口箱采用石墨涂料进行涂刷，刷涂厚度为 3~5mm。端盖采用锆英粉涂料进行刷涂，厚度在 2~3mm。底座、冒口砂型的配料参考表 6-2 进行配制，涂料的配方参考表 6-3。

表 6-2 锆英粉涂料和石墨涂料的配方 (%)

砂型	硅砂	水玻璃	黏土	水
冒口箱	80~90	10~20	—	适量
端盖	65~75	—	20~25	适量

表 6-3 锆英粉涂料和石墨涂料的配方 (%)

类别	锆英粉	膨润土	土状石墨	鳞片石墨	水
锆英粉涂料	90	10	—	—	适量
石墨涂料	—	5	45	50	适量

冷型内部的涂料采用专用的热硬性覆膜砂进行旋涂处理。底座造型时，在底座中心部位应放置一块耐火砖，同时在造型完成后应将底部砂子铲平。底座、冒口单边吃砂量应保证在 60~80cm。涂料厚度为 2~3mm，涂挂过程中需要压匀、压实，并用稀灰或清水刷光。造型和涂挂完成后，需经过专业人员检查验收合格后方可使用。浇注合箱之前，务必清理干净底座、冒口型腔内及子口上的夹杂物和赃物，以保证各工装之间结合完好，防止跑水。在将底座吊放在地坑中时，应

采用水平仪校正并垫稳、垫牢。在将浇铸漏斗放在冒口上时，直浇管中心线与冒口中心线偏差应小于5mm。在冷型离心浇铸完外层、中间层的铁水后，从离心机上吊放在底座上时，应保持平稳、直立，之后将冒口吊放在冷型上时，也应保持平稳、合箱。合箱结构图如图6-2所示。

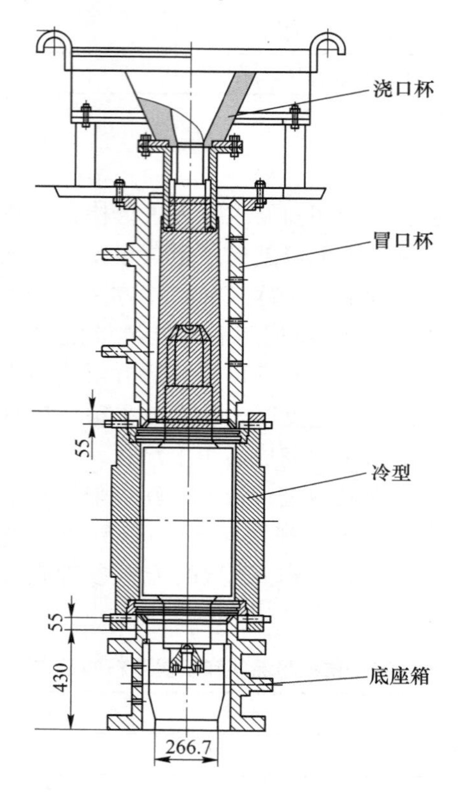

图6-2 轧辊合箱结构示意图

6.3 高铬铸铁复合轧辊的结构设计

高铬铸铁复合轧辊工作层含有14%~20%的铬，而芯部是球墨铸铁材质，这两种材质成分相差很大。如果按照普通的复合方法浇铸，存在两个关键问题难以解决：一是外层高铬铸铁和芯部球墨铸铁之间的结合质量难以保证。复合浇铸时，外层的铬含量很高，必然要和芯部球墨铸铁中的碳形成大量的碳化物存在于结合层处，使得结合层强度很低，轧辊使用时易发生结合层剥落事故。二是外层高的铬含量向芯部扩散，使辊颈强度降低的问题难以解决。复合浇铸时，当外层凝固后浇铸芯部球墨铸铁铁水时，芯部液态高温铁水将使一部分已凝固的外层高铬铸铁重新熔化，造成铬向芯部扩散，使芯部铬含量增加，芯部的白口倾向增大，将析出较多的碳化物而影响轧辊的整体强度和韧性，轧辊使用时易发生断辊事故[41]。

为了解决上述难题，高铬铸铁复合轧辊研制时，采用三层复合浇铸的方法，即在外层的高铬铸铁和芯部的球墨铸铁之间增加一个中间过渡层材质。中间过渡层材质本身除了要有较好的组织和性能外，同时兼有如下性能：一是中间过渡层与外层高铬铸铁和芯部球墨铸铁有良好的结合强度；二是可以有效地减少外层高铬铸铁中的铬向芯部球墨铸铁中扩散。三层复合浇铸的方法是生产高铬铸铁复合轧辊最为关键的技术之一。

以亚共晶高铬铸铁和过共晶高铬铸铁为研究对象。亚共晶高铬铸铁的韧性较高，适用于有较高韧性要求的工况条件。据文献报道，亚共晶高铬铸铁在18%Cr附近的成分在脱稳热处理过程中具有最好的第二相强化效应[110]，再考虑合金铬碳比（6~8），因此选择2.8C-18Cr亚共晶高铬铸铁作为研究对象，研究硅含量对亚共晶高铬铸铁组织和性能的影响。过共晶高铬铸铁的耐磨性好，但是组织中存在大量的粗大初生碳化物，使得合金的韧性较低。本书拟通过在过共晶高铬铸铁成分中进行多组元钛、铌复合合金化来改善初生碳化物的形貌和分布，并形成一定量的高硬度MC型碳化物，以期同时提高材料的强韧性和耐磨性。实验研究的合金成分如表6-4所示。

表6-4 合金成分（质量分数） （%）

合金	C	Si	Mn	Cr	Mo	Ti	Nb
1-1	2.8	0.5	0.6	18.0	0.85	—	—
1-2	2.8	1.5	0.6	18.0	0.85	—	—
2-1	3.1	1.2	0.8	20.0	1.0	1.0	0
2-2	3.1	1.2	0.8	20.0	1.0	1.0	2.0

以上述研究成果为基础，可知硅含量的增加可以提高亚共晶高铬铸铁的强韧性和耐磨性，铌可以提高过共晶高铬铸铁的强韧性和耐磨性，因此按表6-4的合金成分分别试制了1~4号轧辊，轧辊编号与表6-4合金成分的对应关系如表6-5所示。其中亚共晶高铬铸铁成分的轧辊主要用于韧性要求较高的螺纹钢精轧机组的切分机架（K3），而过共晶高铬铸铁成分的轧辊主要用于耐磨性要求较高的成品机架（K1）。

轧辊制备采用三层材质离心复合铸造工艺，其中外层为高铬铸铁材质，中间层采用GS140或GS150石墨钢材质，内层采用高强度球墨铸铁材质，轧辊的中间层和内层化学成分如表6-6所示。

表 6-5 轧辊编号与表 6-4 合金的对应关系

轧辊编号	合金	合金体系	使用机架
1 号	1-1	亚共晶	K3
2 号	1-2	亚共晶	K3
3 号	2-1	过共晶	K1
4 号	2-2	过共晶	K1

表 6-6 轧辊中间层和内层材料的成分（质量分数） (%)

化学成分	C	Si	Mn	Cr	Mo
中间层（石墨钢）	1.3~1.8	1.0~1.8	0.6~0.8	—	—
芯部球墨铸铁	3.0~3.5	2.0~2.5	0.6~0.8	<0.5	0.2~0.5

6.4 高铬铸铁复合轧辊制造过程

生产改进型高铬铸铁复合轧辊除了正确选择化学成分之外，关键还要正确控制生产工艺方法，特别是要控制好如下几个方面：铁水的熔炼和处理方法；中间层铁水浇铸时机、温度和厚度；离心机停转时机；芯部铁水浇铸温度；轧辊的冷却及热处理等工艺。高铬铸铁复合轧辊生产工艺流程如图 6-3 所示。

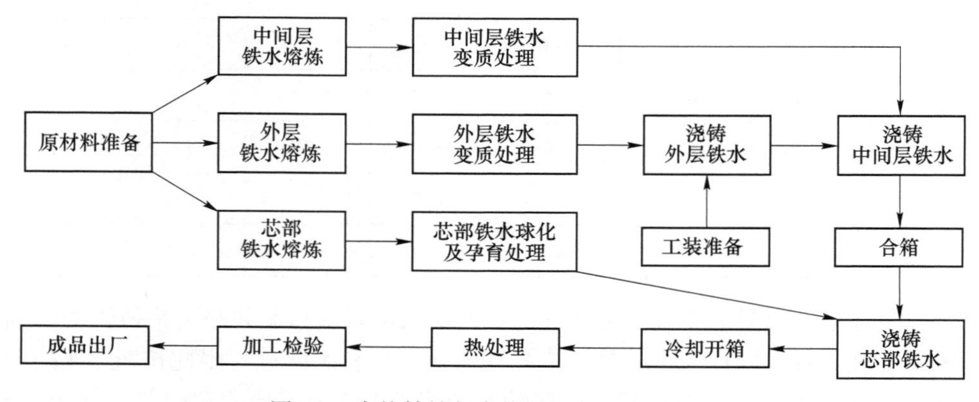

图 6-3 高铬铸铁复合轧辊生产工艺流程图

6.4.1 铁水的熔炼与变质技术

外层高铬铸铁及中间层石墨钢的熔炼选用低磷低硫生铁和高质量碳素废钢进行熔化，以便于准确控制化学成分。成分调整分两次进行，第一次加入需调整成分总量的 90%，其余根据化验结果再进行调整。加入的微量合金使外层材质基体组织得到细化，并产生细小均匀分布的耐磨粒子。为避免过度烧损，铌铁和钒铁在出炉前加入。中间层的石墨钢采用硅铁和稀土镁进行球化处理。决定轧辊芯部球墨铸铁性能的关键因素是球化处理和孕育处理，由于轧辊的性能要求很高，不但要求高的强度，而且要求轧辊的球化质量要好，并不能有缩孔缩松等铸造缺陷的存在，即轧辊的超声波探伤应具有良好的穿透性能。因此，采用抗球化衰退能力强的特殊球化剂及抗孕育衰退能力强的特殊孕育剂和能使厚大断面石墨球化圆整、数量增多及细小的特殊金属元素，并通过适当的处理温度来获得理想的轧辊芯部材质质量。

外层高铬铸铁熔炼过程中采用多组元稀土-合金复合变质剂进行变质处理，通过稀土及其他合金组元的综合作用，净化熔体，细化初生奥氏体和改善碳化物的分布和形貌，提高合金的强韧性和耐磨性。变质剂的组分如表 6-7 所示。

表 6-7　多组元稀土-合金复合变质剂的组分　（%）

硅钙合金	铋锑合金	混合稀土
20~35	5~15	余量

其中硅钙合金的钙含量为 30%，铋锑合金中锑的含量在 5%~20%，混合稀土是 Ce、La 的混合物，其中 La 的含量为 25%，含量均为质量分数。

炉料在炉前预热烘干，按顺序加入废钢、钼铁、铬铁、锰铁、硅铁、铌铁和钛铁，然后打渣取样分析，将成分调整至合格范围。铁水出炉温度控制在 1500~1540℃，然后进行变质处理。变质处理过程如下：待铁水温度升至 1500~1540℃时，由两位冶炼操作人员采用特制的变质剂加料装置缓慢地将干燥的变质剂压入炉内铁水中部，加料装置如图 6-4 所示。当钢套脱离把手时，其中一人用工具将钢套继续压在铁水中，以防止钢套浮起而导致变质剂组分氧化烧损，待钢套完全熔化后再加入保温剂覆盖。将炉温控制在 1480~1510℃静置保温并电磁搅拌 4~6min，整个变质处理时间应控制在 10min 以内，防止变质衰退现象，处理完成后及时转包浇铸。浇铸温度控制在 1380~1400℃。浇铸包包底放置配置好的干燥铝丝锭脱氧处理。

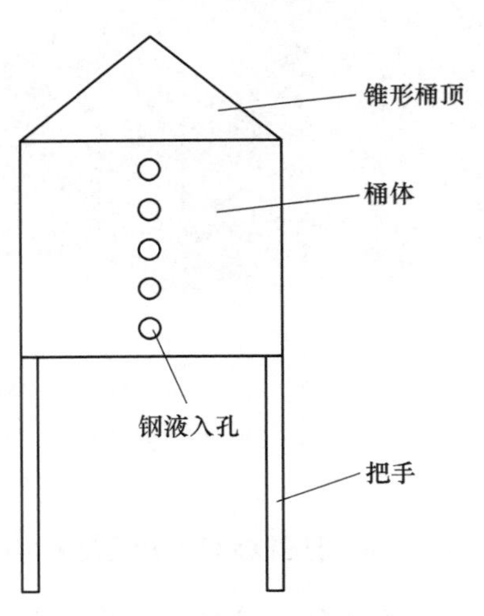

图 6-4　变质剂加料装置示意图

图 6-5 是高铬铸铁变质前后的金相组织，如图所示，变质处理可以细化亚共晶高铬铸铁中的初生奥氏体晶粒和细化过共晶高铬铸铁中的初生碳化物及共晶碳

化物。亚共晶高铬铸铁中的初生奥氏体晶粒从变质前的100μm细化至变质后的70μm。过共晶高铬铸铁中的初生碳化物的长度从变质前的200μm细化至变质后的130μm，宽度从变质前的20μm细化至变质后的12μm。

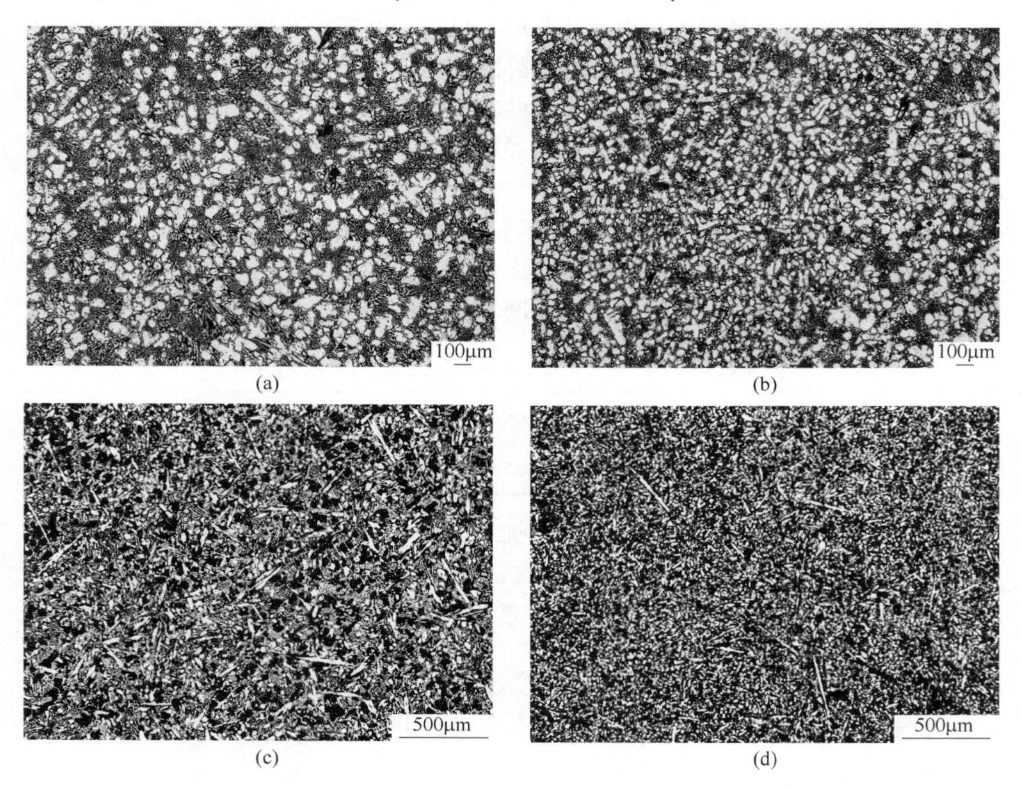

图6-5 高铬铸铁变质前后的金相组织
(a)(b)变质前后的亚共晶高铬铸铁；(c)(d)变质前后的过共晶高铬铸铁

6.4.2 中间层铁水浇铸温度和浇铸时机的选择

外层高铬铸铁的铁水浇铸完成后，何时浇铸中间层铁水，将直接影响外层和中间层的冶金熔合质量。浇铸时机过早，则外层高铬铸铁和中间层铁水混合过多或外层高铬铸铁被重熔过多，使外层的厚度减少并容易引起铸造裂纹的发生；浇铸时机过晚，在浇铸完外层铁水后，加入的防铁水氧化剂及离心铸造时移向外层铁水内表面的熔渣难以排除到中间层铁水的内表面，而存在于外层和中间层结合的交界处或被“冻结”在中间层中。因此，中间层铁水浇铸时机的选择是一个关键环节。

中间层铁水浇铸温度和厚度应使中间层铁水的热量能够熔化掉所规定的外层

厚度，以确保外层和中间层的良好冶金结合质量。温度高、厚度大使已凝固的外层被重熔的量多；反之，温度低、厚度小则使已凝固的外层被重熔的量少，不能使外层和中间层结合的交界处防氧化剂和熔渣完全处于中间层铁水的包围之中，使得防氧化剂和熔渣不能排除到中间层的内表面。因此，中间层铁水浇铸温度和厚度的选择十分重要。

6.4.3 离心机转速的计算和停转时机的选择

离心铸造是轧辊制造过程中的关键工艺，其质量的好坏直接影响轧辊的最终质量。浇铸之前进行冷型模具的覆膜砂的涂挂，涂挂温度控制在150~250℃范围内适宜。

轧辊的浇铸及成型过程：先进行外层铁水浇铸，浇铸温度控制在1380~1420℃，外层铁水的浇铸通过浇铸通道进入离心机，浇铸完毕后，立即向型腔内撒入O型玻璃碴，防止铁液被氧化，图6-6为轧辊制备中的浇铸、离心工序现场图。离心机以700r/min的速度离心旋转5~9min，再浇铸中间层钢水，浇注温度控制在1520~1550℃，浇铸完毕后再离心旋转5~10min后停转。停转后行车迅速将冷型吊至浇铸地坑与底座进行合箱，时间控制在4min以内，并同时安装好冒口箱和浇口杯，将球化后的铁水向浇口杯进行浇铸，浇铸温度控制在1380~1400℃，浇铸过程用1~2mm的硅铁颗粒进行随流孕育处理，浇铸时间控制在3min以内。球化处理工艺是浇铸包内预先放入球化剂和孕育剂，并用铁屑进行覆盖压实，球化温度控制在1430~1450℃范围内。轧辊浇铸后48~72h后开箱。

图6-6 轧辊制备中的浇铸、离心工序现场图

如果浇铸完中间层离心机停转时机过早，则造成铁水的淋落或浇铸芯部铁水时中间层被重熔过多而使芯部铁水增铬过多；如果浇铸完中间层离心机停转时机

过晚，则容易造成中间层与芯部结合不良。实践证明，适宜的离心机停转时机可以很好地保证中间层和芯部的熔合质量，并防止芯部球墨铸铁混入的铬量过高。

离心转速的设计，冷型转速是离心铸造的重要工艺参数。转速过低导致铁水出现雨淋现象，使工作层表面出现夹渣等问题。转速过高时，碳化物在离心浇铸时易产生偏析，轧辊容易发生辊身裂纹等问题。冷型转速的选择原则根据轧辊的规格、工作层厚度等综合考虑。冷型的转速根据式 6-4 计算：

$$N = 5520 \times \frac{\beta}{\sqrt{\gamma r}} \tag{6-4}$$

式中，N 为冷型转速，r/min；γ 为金属溶液密度，g/cm^3；r 为轧辊外层的内半径，cm；β 为调整系数，取 1.0~2.0。

轧辊制备的核心关键装备主要包括离心机、轧辊冷型、冒口箱和底座箱。图 6-7 是轧辊静态合箱及离心设备示意图。

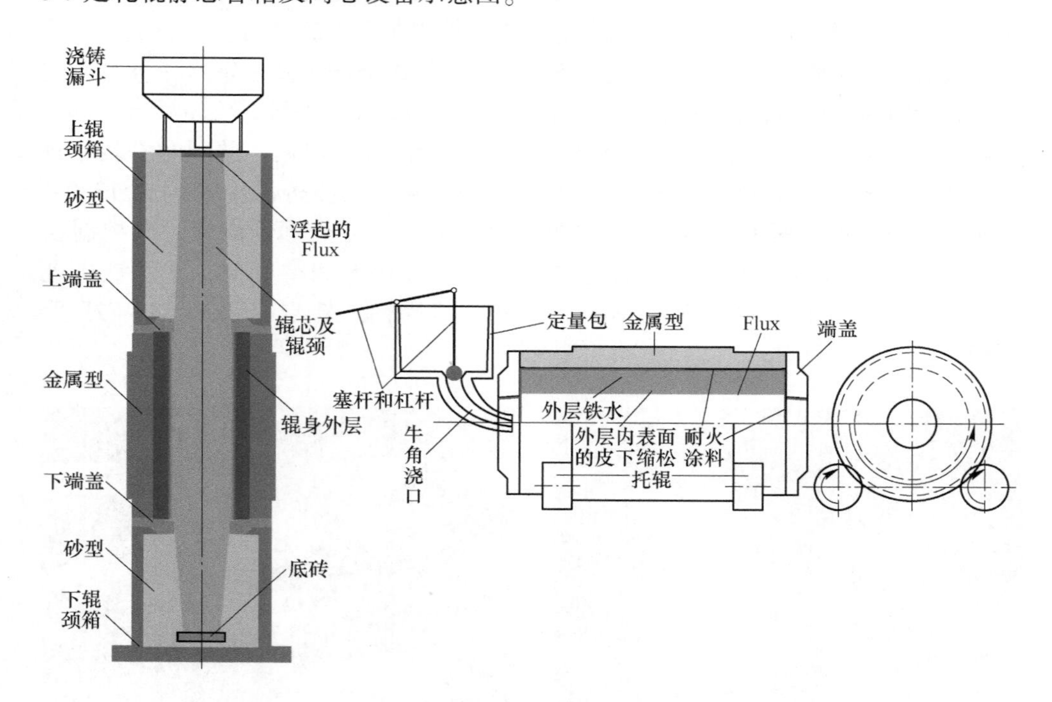

图 6-7　轧辊静态合箱及离心设备示意图

6.4.4　芯部铁水浇铸温度的选择

为使已凝固的中间层和芯部铁水熔合良好，浇铸的芯部铁水温度要高于中间层金属的液相线温度。但是，因为芯部铁水数量多、热容量大，所以芯部铁水温度不可过高，否则中间层被重熔过多，使芯部球墨铸铁的铬量增多，会恶化芯部球墨铸铁的性能。同时，如前所述，芯部球墨铸铁的浇铸温度过高，球铁的球化效果也不好，并容易产生缩孔和缩松等铸造缺陷，影响轧辊的探伤穿透性能。

6.4.5 轧辊辊芯材料的选择

可以按用途及其对辊颈抗拉强度的不同要求，选用高韧性的球墨铸铁作为辊芯材质。但是必须指出，由于高铬铸铁复合轧辊辊身外层铬含量很高，在浇铸芯部铁水时，外层内表面将与芯部铁水熔合，这时外层的铬向芯部扩散，因而使芯部强度和韧性降低。为了防止芯部性能恶化，在浇铸时通常要采取相应的措施。

(1) 控制填芯开始时间，填芯过早外部铁水熔蚀过多，芯部铁水铬含量务必迅速提高。

(2) 选择好填芯浇铸时的离心机转速。填芯时转速过大，芯部与辊身外层难以实现冶金结合；转速过小将使外部熔蚀过大，特别是在静态下填芯时，将造成辊身外层内表面不均匀的熔蚀。

(3) 适当控制芯部铁水的温度，填芯铁水温度越高，虽然有利于冶金结合，但极易造成辊身外层过分熔蚀，使芯部材质铬含量增高。

(4) 特别要注意的是，当辊芯材质为球墨铸铁时，芯部铁水本身由于镁的作用自身白口倾向就比较大，因此，除了尽量控制混入芯部铁水的铬以外，同时应合理控制芯部铁水的铬含量及其化学成分，特别是选择最适宜的硅含量。

试验结果表明[36]，通过控制高铬铸铁复合轧辊芯部材质的铬含量，提高硅含量，缩短孕育到填芯浇铸的时间，以及采取型腔内孕育处理后，如表 6-8 所示，轧辊芯部强度提高了 1.5 倍。

表 6-8 高铬铸铁复合轧辊芯部化学成分、渗碳体含量与抗拉强度

序号	化学成分/%									孕育处理	渗碳体含量/%	抗拉强度/MPa
	C	Si	Mn	P	S	Cr	Ni	Mo	Mg			
A	3.58	2.02	0.39	0.040	0.009	1.55	1.15	0.01	0.06	×	22.6	262.64
B	3.32	2.64	0.39	0.038	0.010	1.19	1.60	0.01	0.07	√	9.6	372.4
C	3.72	3.01	0.21	0.014	0.010	1.21	1.31	0.01	0.06	√	5.5	442.96

可以认为，对高铬铸铁复合轧辊辊芯材质一般允许铬含量范围为 0.4%～0.5%。对于要求高强度的高铬铸铁复合轧辊，芯部材质应严格控制铬含量小于 0.15%。

球墨铸铁是将铁水经过球化处理，将片状石墨转化为球状石墨而获得的一种铸铁，球状石墨对基体的破坏作用和在基体中引起应力集中的效应都大为降低，是一种强度较高的铸铁材料，其性能接近于钢。球墨铸铁的生产过程如下：

(1) 熔炼高温、高碳、低硅、低硫磷的铁液。

（2）用镁及稀土元素等对铁液进行球化处理。

（3）用硅铁合金等对铁液进行孕育处理。

球墨铸铁的 C 含量通常控制在共晶成分或稍高于共晶成分，这样有利于球化和避免产生白口组织。调节 C 含量可调整基体组织，增加碳含量虽然使石墨球增多，但是石墨球的数量增多会使球径缩小和圆整度变化，仍有利于塑性和韧性的提高，通常 C 含量在 3.0%~3.5%；成分中 Si 含量可以有较大变化，主要根据使用条件和需要的球状石墨数量来调整；Cr 含量要求小于 0.5%，避免粗大的莱式体出现，恶化芯部球墨铸铁的韧性；Ni 是球墨铸铁轧辊中的一个主要元素，可以细化珠光体的片层间距，一般在 0.5 以下。

6.5　高铬铸铁的连续冷却转变曲线分析

以高铬铸铁轧辊材质选用常用的低硅和高硅 Cr18 亚共晶高铬铸铁为例，外层高铬铸铁和芯部球墨铸铁的具体成分如表 6-9、表 6-10 所示。

表 6-9　Cr18 亚共晶高铬铸铁轧辊的工作层成分（质量分数）　　（%）

C	Si	Mn	Cr	Ni	Mo	Cu	S	P
2.8±0.05	0.6±0.05	0.9±0.05	18±0.5	1.0±0.05	0.6±0.05	0.5±0.05	≤0.02	≤0.15
2.8±0.05	1.5±0.05	0.9±0.05	18±0.5	1.0±0.05	0.6±0.05	0.5±0.05	≤0.02	≤0.15

表 6-10　Cr18 高铬铸铁轧辊的芯部成分（质量分数）　　（%）

C	Si	Mn	Cr	Ni	Mo	S	P
3.30±0.05	2.20±0.05	0.5±0.05	0.20±0.05	0.10±0.05	0.15±0.05	≤0.02	≤0.15

实验测定高铬铸铁热处理过程中高温奥氏体的连续冷却转变曲线（CCT 曲线）非常的耗时耗费，因此采用 JMatpro 模拟计算来估算高铬铸铁轧辊的 CCT 曲线，为热处理工艺的制定提供科学的依据。JMatpro 是一套强大的金属材料相图计算和材料机械性能模拟软件，可以用来计算金属材料的多项性能，可以实现的功能主要有：稳态和亚稳态的相平衡计算、凝固性能计算、物理性能及热物理性能计算、力学性能计算、相转变温度计算等。通过建立动态物理模型，强大的金属材料数据库的支持以及广泛且经实验验证的结果对比，保证了 JMatpro 软件计算的准确性。

以 Cr18 高铬铸铁为研究对象，使用其中的铁碳合金材料模块，热处理是温度变化和相变化的过程，高铬铸铁轧辊一般尺寸都较大，在温度变化时可以产生极大的应力，所以需要明确材料的机械性能；研究热处理必然要清楚冷却过程中的相种类及相变点，所以采用 JMatpro 计算高铬铸铁的力学性能和相变点温度。

6.5.1 高铬铸铁轧辊的弹塑性转变温度

高铬铸铁轧辊在脱稳热处理时，需要加热至奥氏体温度区间，加热时必然会导致内外部温度差，尤其像高铬铸铁轧辊这样大尺寸的工件，内外温度差带来的应力极大，所以快速加热之前必须将高铬铸铁轧辊加热至塑性区，防止快速加热时产生的热应力导致轧辊断裂，加热前轧辊的温度越高，轧辊整体的蓄热量就越大，淬火冷却时应力就会越大，为了尽量减少淬火时的应力，必须知道弹塑性转变温度，在此基础上设计高铬铸铁轧辊脱稳热处理的预热工艺温度和时间，既使得高铬铸铁轧辊被加热到塑性区，又使得高铬铸铁轧辊蓄热量尽量少。采用JMatpro软件的力学性能模块，计算高铬铸铁外层高铬铸铁材质和芯部球墨铸铁材质的高温力学性能，来得到这个弹塑性转变温度。

$\sigma_{0.2}$是材料的抗拉极限强度，也是发生0.2%塑性变形的值，所以可以根据不同温度下塑性变形的规律计算$\sigma_{0.2}$也就是抗拉极限的规律。在低温和常温下，金属的塑性变形主要靠位错的滑移方式进行，在更高的温度下由于获得一定的能量塑性变形开始变为蠕变，金属进入蠕变时即进入塑性区，JMatpro根据塑性变形公式分别计算低温抗拉强度和高温抗拉强度，两种变形机制在同一温度下的交点就是弹塑性转变温度，意味着高于此温度金属以蠕变为主，进入塑性区。

低硅和高硅的亚共晶高铬铸铁的高温塑性曲线如图6-8~图6-10所示。通过高铬铸铁轧辊的高温塑性曲线计算可知，低硅的高铬铸铁两种变形形式的交点在520℃左右，高硅的高铬铸铁两种变形形式的交点在560℃左右，超过520~600℃时金属的变形将以蠕变为主，进入塑性区。

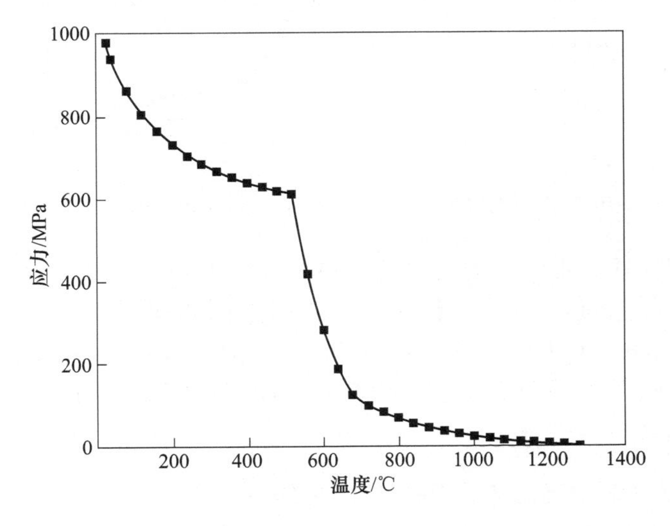

图6-8 低硅（0.6Si）高铬铸铁的高温强度（high temperature strength）曲线

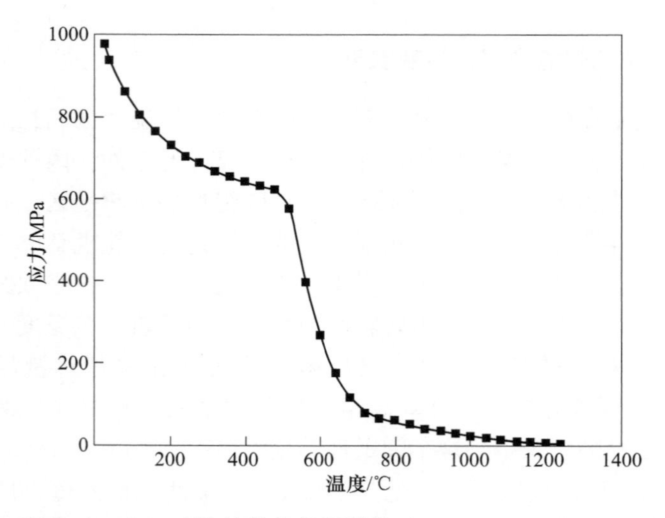

图 6-9 高硅（1.5Si）高铬铸铁的高温强度（high temperature strength）曲线

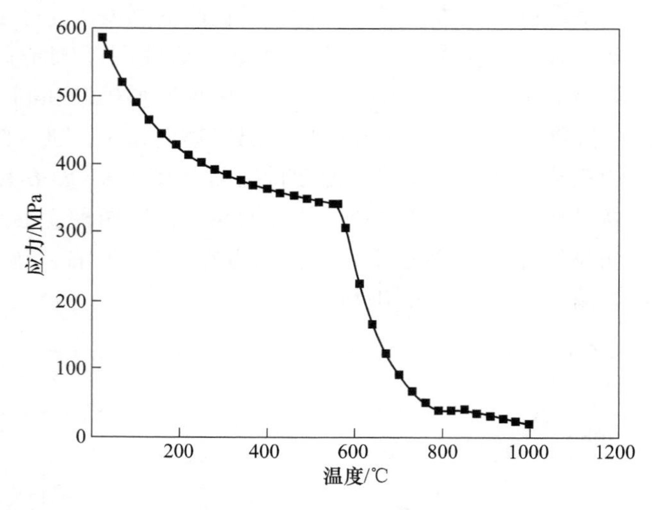

图 6-10 球墨铸铁的高温强度（high temperature strength）曲线

通过高铬铸铁轧辊辊颈的高温塑性曲线计算可知，两种变形形式的交点在560~580℃，超过 580℃金属变形将以蠕变为主，进入塑性区。

采用 JMatpro 计算 Cr18 高铬铸铁轧辊的工作层和芯部的弹塑性转变温度在600℃以下，在 600℃的升温过程速率应该尽可能慢，采用分阶段保温的方式进行加热至目标温度。

6.5.2 高铬铸铁轧辊高温热处理的 CCT 曲线

高铬铸铁热处理过程中的冷却过程是实现高铬铸铁性能的关键步骤，是整个热处理工艺的核心，本章的研究结果表明脱稳热处理的温度一般在 950～1050℃，采用 JMatpro 软件计算的亚共晶高铬铸铁奥氏体化温度 950℃、1000℃、1050℃的 CCT 曲线结果如图 6-11～图 6-14 所示。

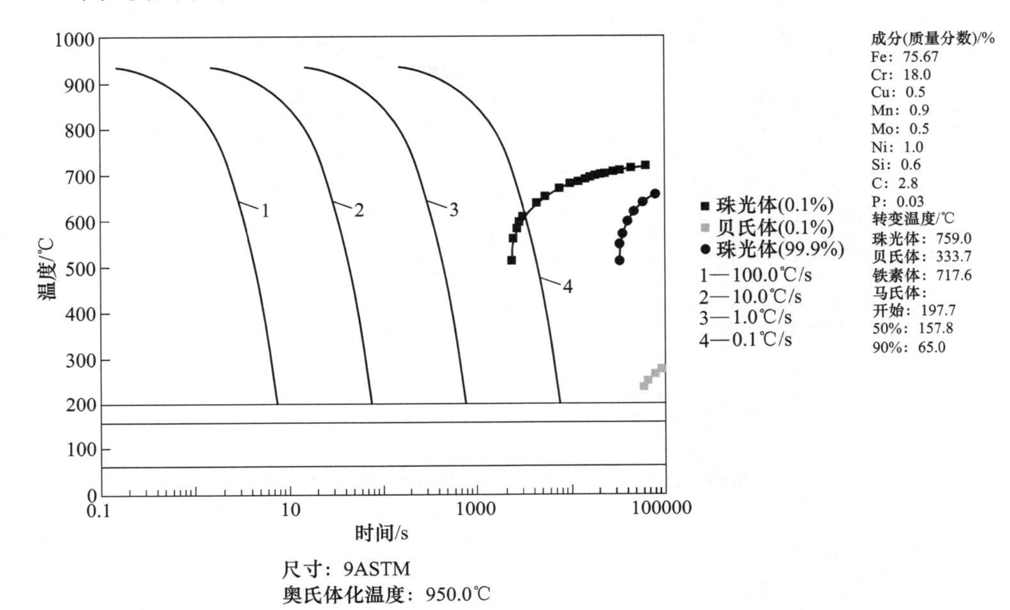

图 6-11 Cr18 高铬铸铁 950℃奥氏体化 CCT 曲线

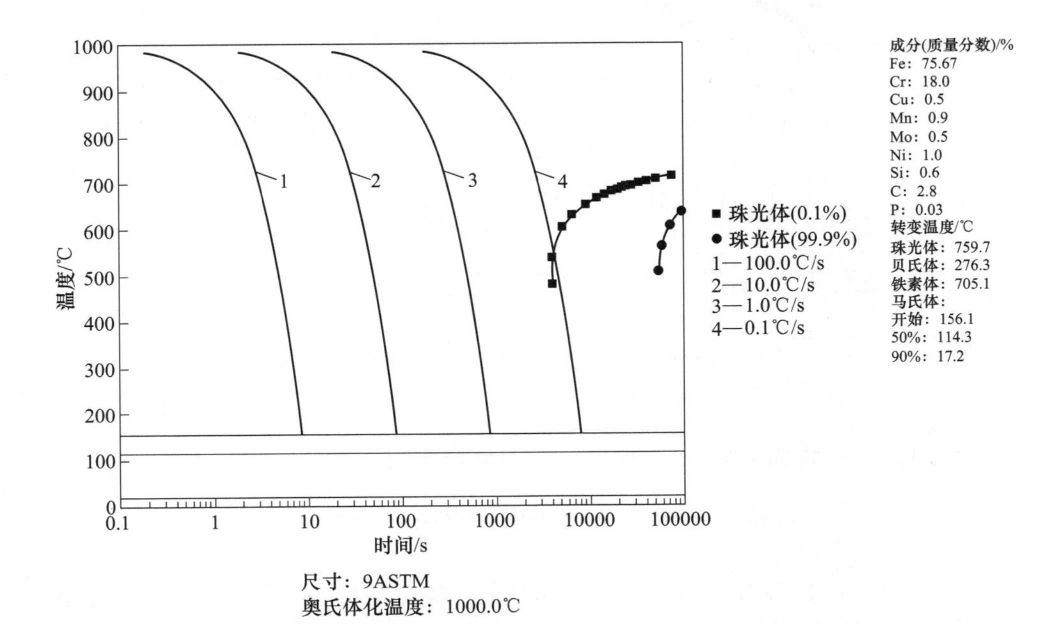

图 6-12 Cr18 高铬铸铁 1000℃奥氏体化 CCT 曲线

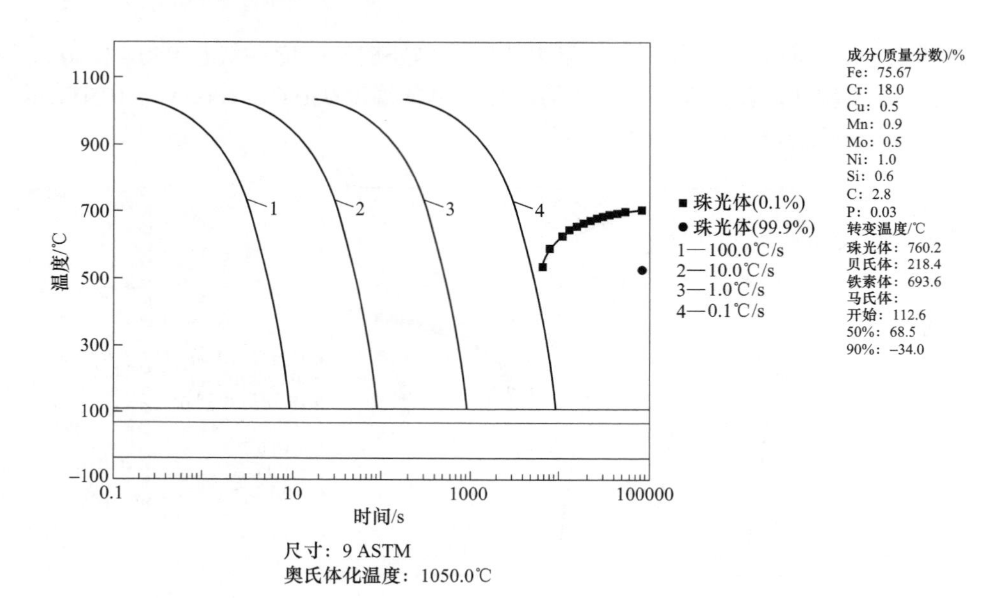

图 6-13　Cr18 高铬铸铁 1050℃奥氏体化 CCT 曲线

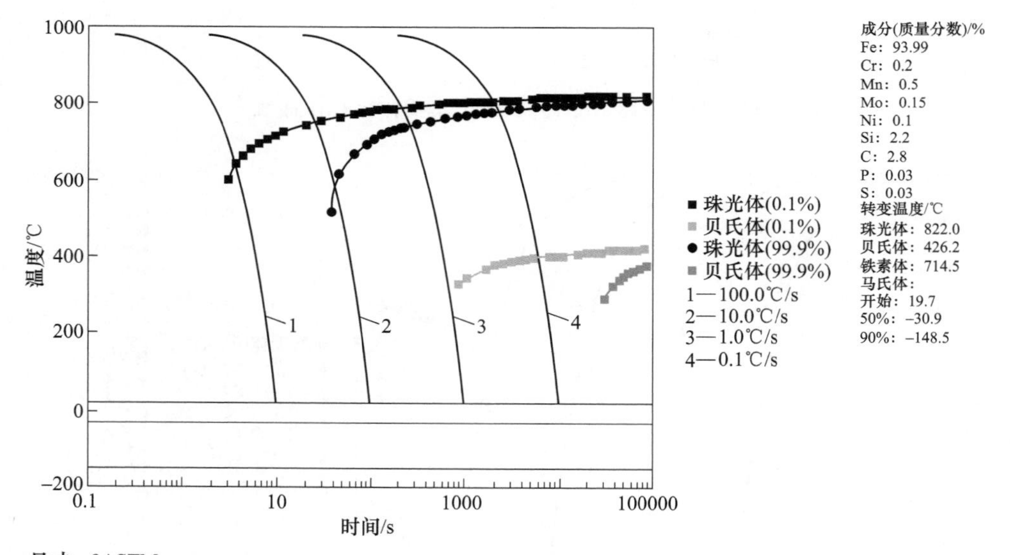

图 6-14　芯部球墨铸铁 1000℃奥氏体化 CCT 曲线

使用 JMatpro 模拟 Cr18 高铬铸铁 950℃奥氏体化的冷却曲线，珠光体转变区十分靠右，贝氏体转变区很小，马氏体转变开始温度（M_s）为 197. 7℃，马氏体转变终止温度（M_f）为65℃，马氏体转变终止温度高于室温，在常温条件下可以得到几乎全马氏体的相变组织。在冷却速度不小于1.0℃/s的情况下不会发生珠光体转变。

采用JMatpro模拟Cr18高铬铸铁1000℃奥氏体化的冷却曲线，随着温度的升高，珠光体转变区进一步靠右，未见贝氏体转变区，马氏体转变开始温度和终止温度分别为156.1℃和17.2℃。1000℃奥氏体化淬火后的组织含有残余奥氏体的含量高于950℃，要想减少残余奥氏体需多次回火。

采用JMatpro模拟Cr18高铬铸铁1050℃奥氏体化的冷却曲线，随着温度的升高，珠光体转变区进一步靠右，在冷却速度不小于0.1℃/s的情况下不会发生珠光体转变，未见贝氏体转变区，马氏体转变开始温度和终止温度分别为112.6℃和-34℃。由于马氏体转变温度较低，马氏体转变困难，残余奥氏体较多，所以1050℃的奥氏体淬火需多次回火，促使残余奥氏体转变。综上所述，脱稳热处理的奥氏体化温度控制在950~1000℃较为合适。

对高铬铸铁轧辊芯部球墨铸铁材质使用JMatpro计算1000℃奥氏体化的CCT曲线结果如图6-14所示。

芯部低合金球墨铸铁材质在1000℃奥氏体化的温度下，在冷却速度不大于1℃/s的情况下将全部转变为珠光体，不会生成马氏体、贝氏体等硬化相，硬度较低，与实际金相观察结果相符合。

通过使用JMatpro软件计算，芯部为球墨铸铁、外层为高铬铸铁材料的轧辊弹塑性转变温度不超过600℃，通过JMatpro模拟了Cr18高铬铸铁工作层从950~1050℃不同奥氏体化温度下的CCT曲线，获得奥氏体转变为马氏体的相变温度点以及获得奥氏体转变为马氏体相变的临界冷却速度，在冷却速度为5~10℃/s的情况下，芯部球墨铸铁仅发生珠光体转变，外层组织发生奥氏体→马氏体相变过程，这些关键数据为高铬铸铁轧辊脱稳热处理过程中预热、加热淬火及回火的工艺设计提供了重要的依据。

6.6 高铬铸铁复合轧辊的热处理

众所周知，高铬铸铁复合轧辊辊身工作层的硬度取决于基体组织和碳化物的相对数量及其显微硬度；而韧性则取决于基体组织的类别和碳化物的形态、数量及其分布状况。均匀分布在基体组织中的碳化物是控制磨损速度的重要因素，如果基体组织韧性较差，碳化物将失去支承并在切应力作用下产生断裂，同时磨损亦随之发生。因此，要求辊身工作层中基体组织既要有相当高的硬度，又要具有一定的韧性。此外，在铸造状态下，高铬铸铁复合轧辊辊身工作层基体组织中还存在有45%~65%的残余奥氏体。如前所述，这一亚稳组织如不及时消除，在随后的轧钢过程中，在轧制压力和热应力的影响下，必将分解成马氏体或贝氏体，同时伴随产生很大的相变应力，容易引起辊身工作层的剥落。基于以上原因，除了合金元素的合理匹配及多元合金化以外，对高铬铸铁复合轧辊必须按照轧辊的硬度高低和使用条件进行相应的热处理，以改善基体组织、控制二次碳化物数量以及使其部分断网，呈弥散粒状分布，以此保证获得良好的综合性能。高铬铸铁复合轧辊常用的热处理工艺分为两类：亚临界热处理（热处理温度在奥氏体化温度以下）和脱稳热处理（淬火+回火）。

6.6.1 亚临界热处理

高铬铸铁轧辊的亚临界热处理工艺是高铬铸铁轧辊刚刚发明时就开始使用的一种最终热处理工艺，代替了最原始的自然时效工艺。由于高铬铸铁轧辊 Cr 含量很高，在铸造完成后，仅靠自然冷却即可基本躲过珠光体转变区，发生极少量的珠光体转变，冷却到 M_s 以下后发生马氏体转变，硬度较高，可达到 70～80HSD，但铸造后的高铬铸铁轧辊由于发生马氏体转变产生较大的相变应力，尚有大量残余奥氏体未发生转变。通过亚临界热处理，以达到消除或降低应力、减少残余奥氏体的目的，目前对于要求较低的高铬铸铁轧辊，亚临界热处理通常作为主要的最终热处理工艺。

高铬铸铁轧辊的亚临界热处理工艺的原理是将高铬铸铁轧辊加热到珠光体转变温度以下、马氏体转变温度以上的过冷奥氏体稳定区进行一定时间的保温。在加热和保温的过程中，原来已经形成的马氏体开始回火，高铬铸铁轧辊铸造过程中的应力将得到松弛，残余奥氏体内的过饱和的碳和合金元素将进行一定的析出，M_s点将会上升，保温过后进行降温，在降温过程中，降低应力和过饱和度的残余奥氏体在降低到 M_s 以下温度时会发生马氏体相变，转变成马氏体，因发生了马氏体转变，还会产生新的相变应力，由于偏析，有些残余奥氏体过饱和度依然很高，残余奥氏体也不会完全消除，所以一般会再次进行一段同样的工艺，以进一步消除残余奥氏体和消除第一段工艺产生的应力，工艺曲线如图 6-15 所示，由于铸后的不稳定相残余奥氏体转变形成了回火马氏体，铸造应力也得到松弛，所以经过退火热处理后，高铬铸铁轧辊组织更加稳定、应力降低、硬度升高。

高铬铸铁轧辊的低温去应力退火工艺相较于淬火+回火的工艺，有以下优点：工艺流程简单、热处理过程应力小、工艺时间短、单位能耗低。对设备性能要求低，生产节奏快，设备占用时间短。

但缺点也相当明显，由于高铬铸铁轧辊铬含量高，铸造过程控制不好会导致严重的偏析，铸态组织不均匀，由于局部碳及合金含量低或者降温慢形成的珠光体类组织与高度过饱和的残余奥氏体同时存在，两类组织都属于不想得到的低硬

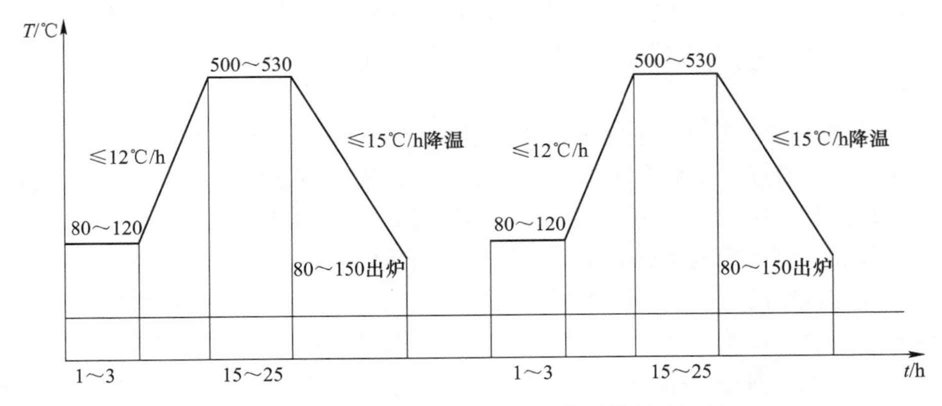

图 6-15 高铬铸铁复合轧辊的亚临界热处理工艺

度组织，所以硬度一般比淬火热处理硬度低 5HSD 左右，个别轧辊硬度甚至更低，低 10HSD 左右。由于亚临界处理后高铬铸铁轧辊组织中含有大量残余奥氏体，这些残余奥氏体在受到外力或者温度变化时，还有可能发生相变产生相变应力，或者变形，使轧辊表面产生裂纹。去应力退火工艺无法完全消除过饱和残余奥氏体及珠光体类组织，所以一般执行去应力退火工艺的高铬铸铁轧辊使用效果明显劣于执行淬火+回火工艺的高铬铸铁轧辊，在轧钢使用过程中不仅不耐磨，耐磨性较淬火热处理差许多，在冷却条件不好的情况下还会发生残余奥氏体转变为马氏体的相变，相变引起体积膨胀引发的相变应力极易造成轧辊的开裂或断辊。

6.6.2 脱稳热处理

高铬铸铁轧辊的整体淬火+回火工艺是将高铬铸铁轧辊进行高温重新奥氏体化加热后，进行冷却淬火及回火的热处理工艺。当将高铬铸铁加热到奥氏体化温度并保温时，过饱和的奥氏体中将析出二次碳化物。这样奥氏体的稳定性随其中合金元素含量的降低而下降，奥氏体在随后的冷却过程中会变成马氏体。如果冷却速度非常慢，奥氏体还会分解形成珠光体。高铬铸铁奥氏体化温度后形成的组织随冷却条件不同可能是珠光体或者是马氏体和残余奥氏体的混合组织。由于高铬铸铁导热性差，轧辊的断面尺寸很大，奥氏体加热保温后的冷却过程过快会使轧辊产生裂纹。因此，所设计的高铬铸铁成分中除合理选择碳和铬的含量外，还添加了一定量的锰、镍、钼等合金元素，以提高轧辊的淬透性，使得在空淬条件下即可形成马氏体和奥氏体的混合组织。当高铬铸铁中含有较多的锰、镍、钼时，奥氏体的稳定性显著增加，这种材料的失稳处理必须持续较长的时间。经硬化处理后的高铬铸铁轧辊必须进行回火处理，以使形成的马氏体获得回火，使得亚稳态的残余奥氏体进一步转化为马氏体。但要注意的是残余奥氏体转变为马氏体将会产生组织应力，马氏体也是未回火的马氏体。因此，需要进行第二次回火处理，以达到对第一次回火中形成的马氏体进行回火并消除组织应力的目的。

由于高铬铸铁轧辊尺寸较大，高铬铸铁材料导热性能差、脆性高，如果淬火时从高温状态直接冷却到马氏体转变温度以下，高铬铸铁轧辊内外部温度差异会很大，将会产生巨大热应力，加之马氏体转变时相变不同所产生的相变应力，多种应力叠加，将会极大地提高高铬铸铁轧辊断裂的风险，为了降低这种风险，降低热处理过程中的应力，一般来说高铬铸铁轧辊淬火都采用奥氏体化后快速冷却到珠光体转变区以下、马氏体转变区以上温度等温，再降温，然后经过多次冷却和回火，使奥氏体在多次的降温过程中分级转变，属于分级淬火方式热处理工艺。

如图 6-16 所示，轧辊的脱稳热处理工艺是将轧辊在热处理炉内升温至 950~1050℃，保温 1~6h，然后出炉进行风冷至 300~450℃，再自然冷却至 100℃左右，然后在 200~550℃进行回火保温 6~10h，再炉冷至室温。轧辊的热处理工序是轧辊制备过程中的关键工序。轧辊属于厚大型铸件，升温速率控制在每小时升温 20~50℃，避免轧辊的内应力过大导致轧辊开裂等情况，轧辊经高温保温后进行风冷淬火，因为轧辊铸件厚大，其自然冷却速度慢，冷却速度过慢可能会导致在冷却过程中发生奥氏体→珠光体共析反应，组织中出现珠光体等不耐磨组织，因此轧辊高温出炉后需要进行风冷处理，有利于提高轧辊的硬度和耐磨性。轧辊淬火出炉的过程主要通过淬火循环工装设备完成淬火冷却，将轧辊出炉放置在淬火设备上，淬火设备通过链条传动带动轧辊旋转，轧辊下面的风机进行风冷，保证轧辊获得较高的硬度和耐磨性。图 6-17 是轧辊的热处理炉和淬火工装设备图。

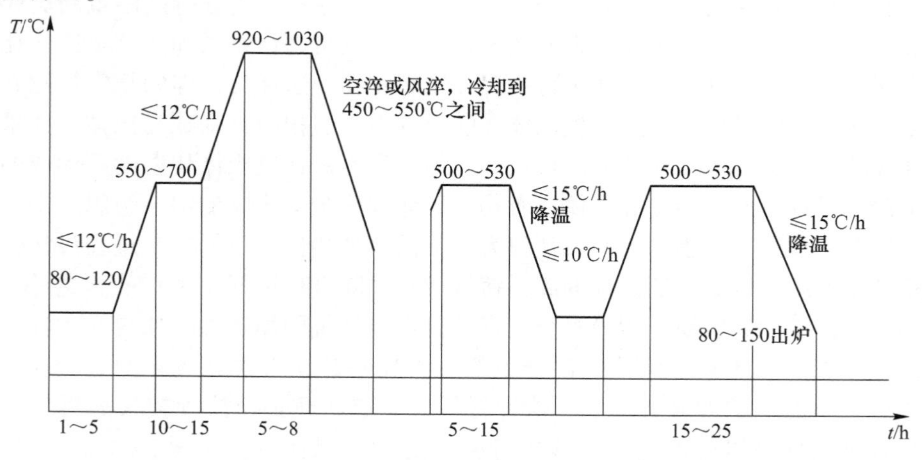

图 6-16 高铬铸铁轧辊的脱稳热处理（淬火+回火）工艺

(a)

(b)

图 6-17　热处理炉和淬火风冷装备
（a）热处理炉；（b）淬火风冷工装

高铬铸铁轧辊的淬火+回火工艺相对于亚临界热处理工艺，偏析轻、硬度高、残余奥氏体少。但脱稳热处理工艺的工艺时间长，氧化、变形严重；轧辊整体蓄热量大不易冷却，冷却速度慢时容易导致淬硬层深度不足，加大冷却强度也只能快速降低表面温度，芯部温度依然较高，应力极大容易导致轧辊冷却过程中开裂，因此还需要在成分中添加一定量的锰、镍、钼等合金元素，提高高铬铸铁轧辊的淬透性，使得轧辊在较慢的冷却速度下依然可以避免奥氏体→珠光体的相变，从而获得高硬度的马氏体组织。

6.7　高铬铸铁热处理后的组织和性能

轧辊热处理完成后进行质量检验，检验包括金相检验和硬度检验。热处理后的组织为回火马氏体和少许残余奥氏体及 M_7C_3 型碳化物，如图 6-18 所示。由图 6-18 可知，与 1 号轧辊的辊身金相组织相比，2 号轧辊辊身的金相组织共晶碳化物更细，基体的二次碳化物更多。与 3 号轧辊辊身的金相组织相比，4 号轧辊辊身的金相组织中的初生碳化物更细、数量更少。

如图 6-19 所示，X 射线衍射结果显示残余奥氏体的含量小于 5%，这对于轧辊的使用是安全的；若残余奥氏体的含量过高，则轧辊在使用时，残余奥氏体会转变为马氏体，使得体积增大，易使轧辊产生裂纹缺陷。

轧辊试制后的硬度数据如表 6-11 所示，2 号轧辊的辊身硬度高于 1 号轧辊。4 号轧辊的辊身硬度高于 3 号轧辊。这主要归因于 2 号更高密度的基体析出相和 4 号更细的 M_7C_3 碳化物及其分布的 MC 碳化物。

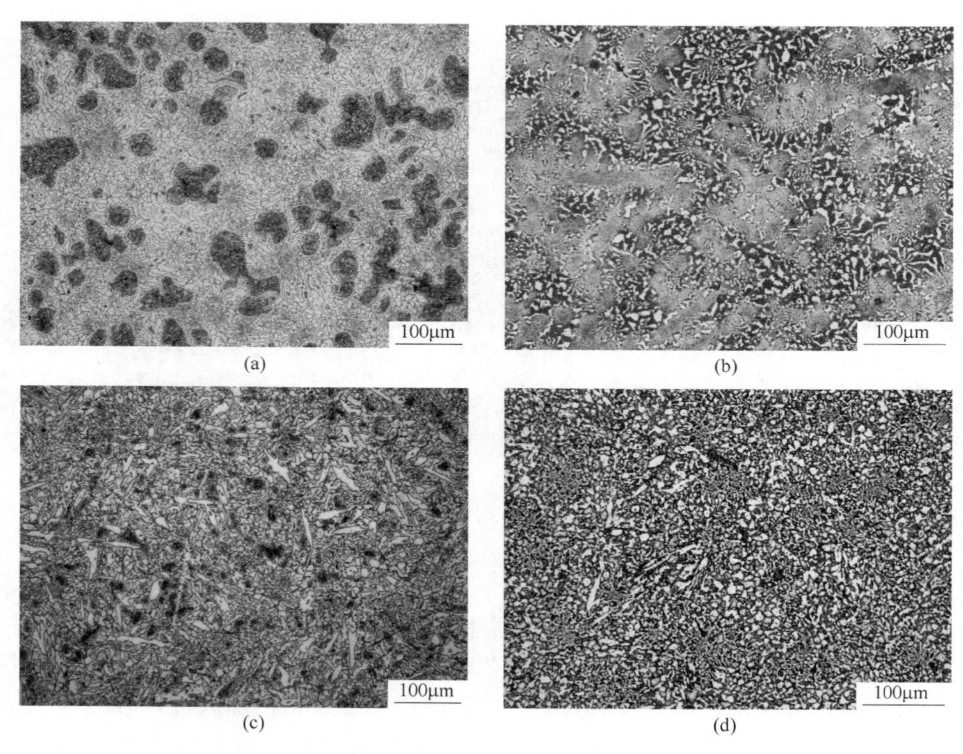

图 6-18　轧辊的辊身金相组织

(a)(b)1 号和 2 号轧辊的辊身金相组织；(c)(d)3 号和 4 号轧辊的辊身金相组织

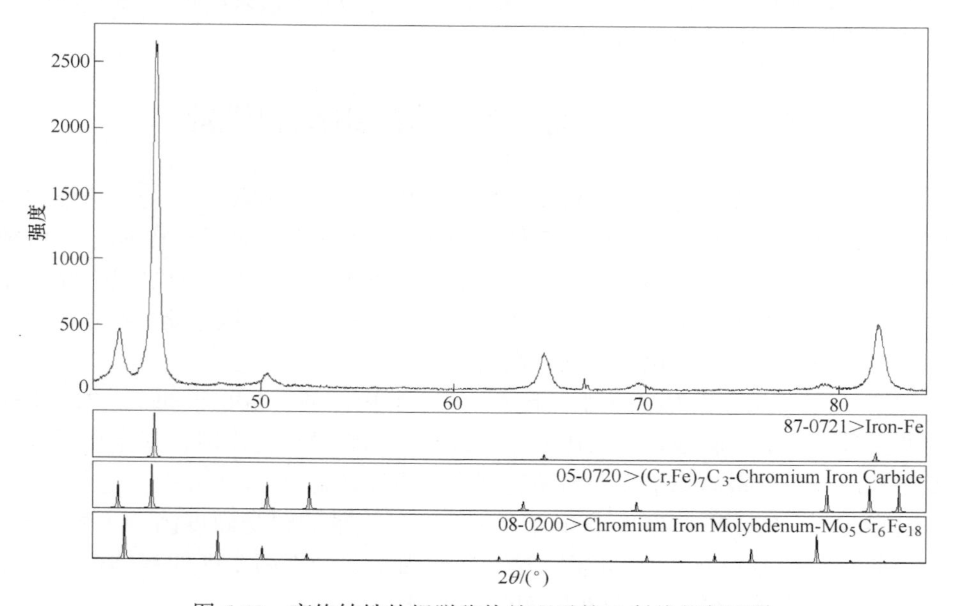

图 6-19　高铬铸铁轧辊脱稳热处理后的 X 射线衍射图谱

辊颈组织为珠光体和球状石墨。如图 6-20 所示，根据 GB/T 9441—2009《球墨铸铁金相检验》国家标准对比分析，辊轴球墨铸铁的金相组织的球化率为 90%，石墨大小为 6 级，珠 75 等级，碳 5 等级。金相组织中分布着大量的牛眼状铁素体，牛眼状铁素体实际是包裹在石墨周围形成的环状形貌的铁素体。

表 6-11　试制轧辊的辊身硬度和辊轴硬度

编号	辊身硬度（HSD）	辊轴硬度（HSD）
1 号	75～78	40～43
2 号	79～82	40～43
3 号	80～83	42～45
4 号	82～85	42～45

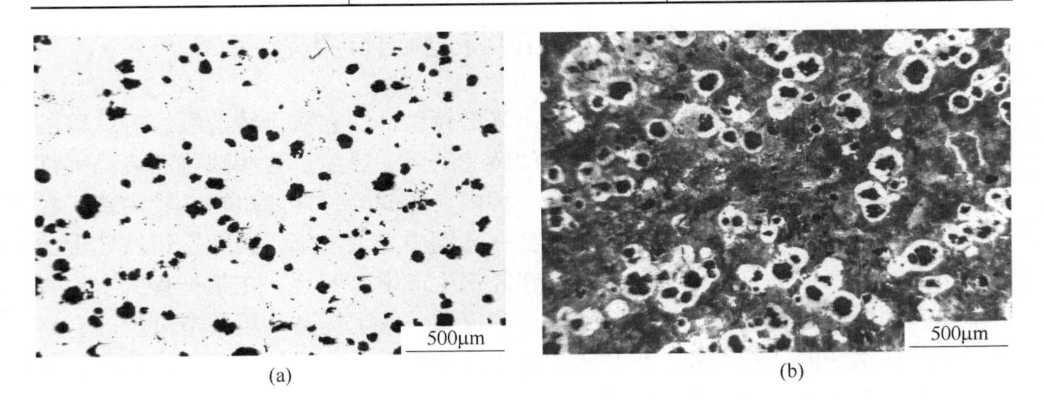

(a)　(b)

图 6-20　高铬铸铁轧辊的辊轴金相组织

（a）腐蚀前；（b）腐蚀后

7 复合轧辊的冶金铸造缺陷及其失效分析

考虑到机械加工等冷工艺对轧辊材料的力学性能和各种低倍及高倍缺陷的影响基本可忽略不计，本书所讨论的冶金轧辊的制造工艺过程是指诸如冶炼、铸造、锻造以及热处理一类的热加工工艺。通过对各种轧辊制造的热工艺的了解，对熟悉轧辊原始冶金质量与各种轧辊失效情况之间的关系，将是很有意义的。

7.1 复合轧辊的铸造缺陷类型

铸铁轧辊是使用特种铸造方法生产出来的铸铁件，它对于铸造裂纹等缺陷的敏感性较强，并容易形成其他许多类型的铸造缺陷和废品。这些缺陷和废品大部分发生在轧辊制造厂，此外还可能存在一种内在的缺陷，即隐藏在轧辊内部，在使用前没暴露出来的缺陷。这些缺陷将会在轧钢中表现出来。因此，铸铁轧辊的质量不仅反映在铸造合格率上，还反映在轧钢生产中，而且，在某种程度上后者更重要，因为这影响轧辊厂家的企业信誉和口碑。为了提高轧辊铸造过程的合格率，减少轧钢中的轧辊事故，延长铸铁轧辊的使用寿命，首先必须了解铸造缺陷废品的类型和产生原因，以采取适当的防范措施。

7.1.1 冲洗法制备复合轧辊的铸造缺陷及原因分析

冲洗法复合铸造轧辊的铸造过程部分因规格过大而超出离心铸造机械工作能力的复合辊（例如复合铸钢支承辊、宽厚板复合铸铁工作辊等）的生产可采用冲洗法工艺来铸造。其工艺步骤概况如下：

（1）首先采用下注法向轧辊铸型型腔内铸入辊身外层材质所需成分的钢水，在钢水液面上升到规定高度后，降低浇速并以小浇速持续铸入至规定的时间。

（2）型腔中的钢水在冷型的激冷冷却作用下凝固至一定厚度，然后换用芯部成分的另一包钢水，以大浇速铸入浇铸管。铸入的芯部钢水将型腔内芯部未凝固的外层钢水冲出铸型，并经由流出口流入盛钢包内。

（3）待盛钢包内冲出的钢水达到工艺规定的量后，堵上流出口并继续铸入钢水，直至型腔冒口部位，浇铸完毕。

冲洗法浇铸复合铸钢支承辊的过程见图 7-1。

冲洗法复合辊的结合层部位实际上属于两种不同成分钢水相互熔混的状态，

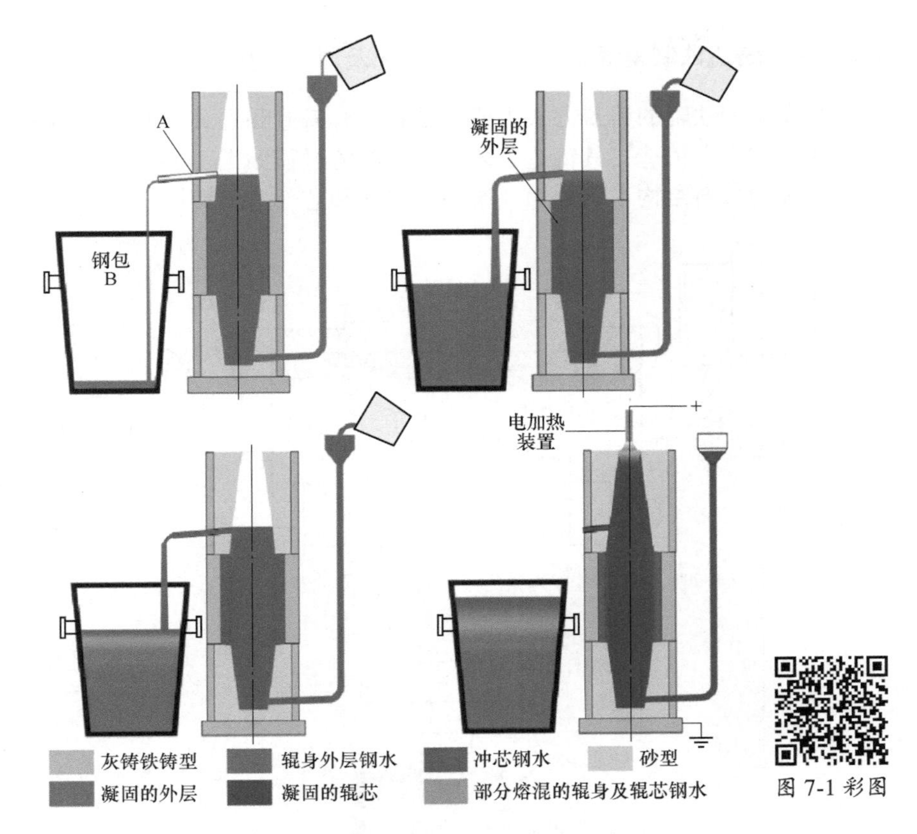

图 7-1 冲洗法制备复合铸钢轧辊的过程示意图

其范围可达几十毫米，它不像通常离心复合辊那样有一个比较分明的界限；在复合浇铸过程中也不加入为保持外层内表面不氧化和帮助内外层熔合的玻璃碴，因此，它不存在结合层夹渣而结合不良的情况，故不需要采用超声波探伤（UT）来检查复合凝固的外层质量；此外，理论上也无法使用超声波来进行辊身外层的测厚。在某些情况下可以对冲洗法复合铸钢支承辊进行外层的超声测厚。此种情况下，在进行超声波检测时，在结合层部位由于两种钢水的碳-氧不平衡，从而发生氧化还原反应并在该部位析出 CO 气泡而产生气泡的回波信号，而气泡的位置基本指示了该处的外层厚度。

冲洗法复合辊的芯部材质通常为低碳钢、优质孕育铸铁。它们有较好的综合机械性能和铸造性能，因而缩松、疏松一类缺陷较少，内裂一般也不易发生。这在对复合铸钢支承辊做 UT 时可发现其底波反射要比整体铸钢支承辊的强烈。

冲洗法复合铸铁辊的热处理一般为低温去应力退火；复合铸钢支承辊的热处理为高温奥氏体化喷淬或油淬淬火—回火，其对轧辊材料性能和原始缺陷的影响与单一材质静态铸造轧辊相同。

7.1.2　离心铸造法制备复合轧辊的铸造缺陷及原因分析

离心复合铸铁辊的铸造方式主要分卧式离心铸造和立式离心铸造两种，这里主要讲述卧式离心铸造，其铸造工装模具及浇铸过程如图 7-2~图 7-4 所示，离心复合铸铁辊的材料结构主要分为外层高铬铸铁和芯部球墨铸铁。

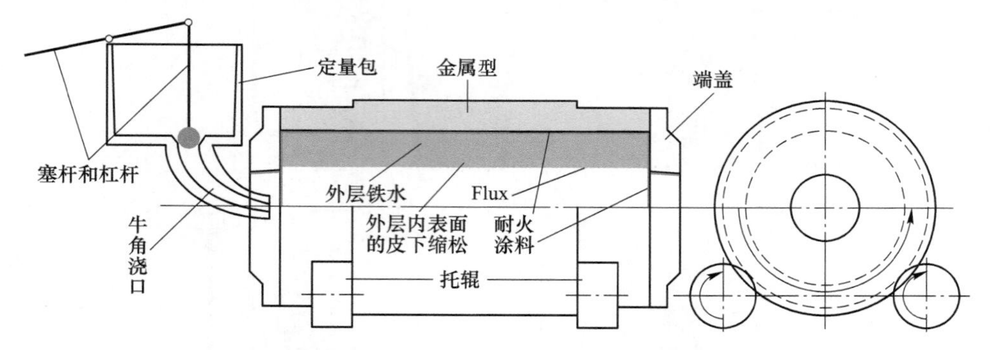

图 7-2　卧式离心铸铁辊工装模具、传动及浇铸系统示意图

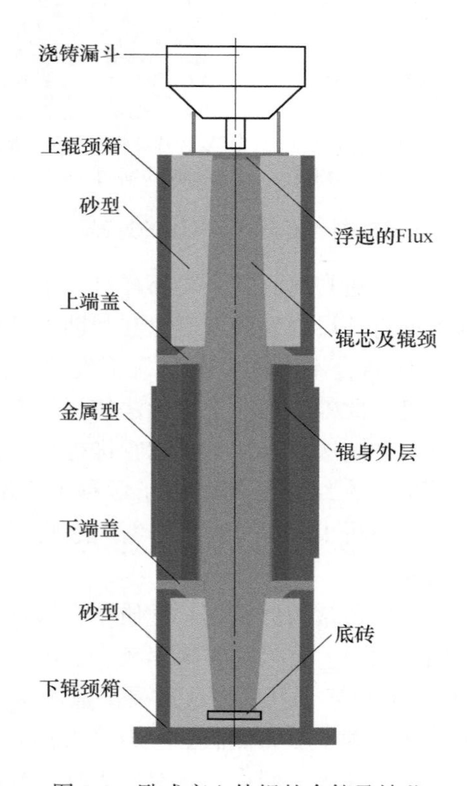

图 7-3　卧式离心轧辊的合箱及填芯

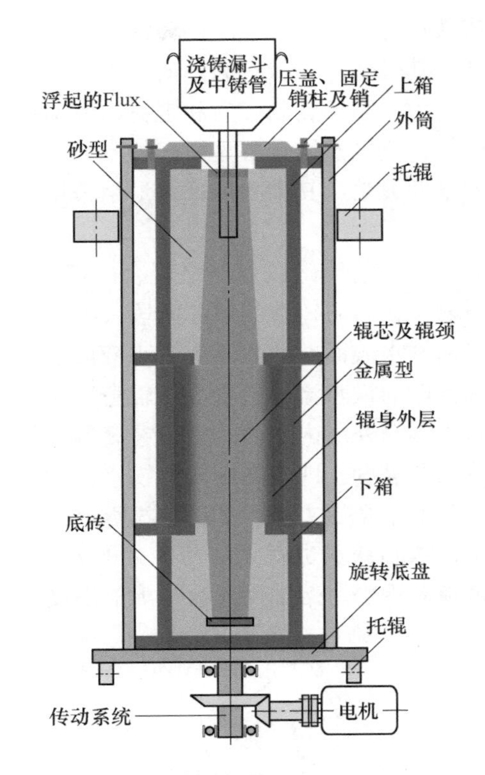

图 7-4 立式离心轧辊铸造系统结构示意图

离心复合高铬铸铁轧辊的常见质量缺陷如下：

(1) 离心轧辊结合层的夹渣、结合不良等结合质量问题。

(2) 离心铸造过程中高铬铸铁中铬元素向芯部渗铬而在结合层形成粗大 M_3C 型莱氏体碳化物所导致的弱结合问题。

(3) 外层靠近结合层部位的缩松缺陷问题。

(4) 离心轧辊外层在铸造时因振动引起的成分和组织层状偏析问题。

(5) 离心轧辊外层厚度控制问题。

(6) 芯部和辊颈的铸造收缩缺陷问题。

(7) 芯部球墨铸铁材质的球化质量问题。

(8) 在轧辊辊身与辊颈过渡圆弧位置的粘砂问题。

7.1.2.1 离心轧辊的夹渣质量缺陷

目前精轧机组的轧辊基本上均为复合铸造轧辊，而这些复合辊大多是采用离心铸造方法生产的。由于铸造工艺的问题，可能导致铸成的复合轧辊带有多种质量缺陷。由于工作辊辊身的高硬度是通过合金化、金属型铸造及热处理得到的，因此像高速钢、高铬铸铁复合轧辊、无限冷硬铸铁复合轧辊这样的高硬度轧辊的辊身残余应力水平较高，其残余应力状态为轴向、周向的残余压应力和径向的残余拉应力。在这些残余应力、循环轧制应力和辊身内外温差热应力的作用下，因辊身结合层的结合不良、夹渣以及结合层显微组织不当所引起的弱结合问题，将导致复合辊在使用中的早期失效，其主要形式为沿结合层的开裂甚至辊身外层的大剥落。

这些夹渣的内容为残余的玻璃碴以及与之混合的离心铸型上脱落的石英砂、耐火涂料一类高熔点耐材。在离心铸造的填芯阶段，掉落到下辊颈型腔里的石英砂和耐火涂料将浮于芯部铁水表面并随着填芯铁水液面的增高而上升。当夹杂物升至辊身型腔时，将随扩散的铁水流向已凝固的辊身外层内表面并与内表面的玻璃碴相遇，牢固地黏附于辊身外层内表面。由于在高温条件下这些混合了玻璃碴的夹杂物具有很高的熔点和黏度，即使在旋转的铁水冲刷下也难以脱离辊身外层内表面，这就形成了以后的结合层夹渣。如图 7-5 所示，高熔点的夹渣将黏附区域的外层内表面覆盖了，填芯铁水也就无法与该处的外层已凝固材料直接接触，从而该处的外层将不被填芯铁水所熔蚀而具有最大的厚度。在其周围以及其余部

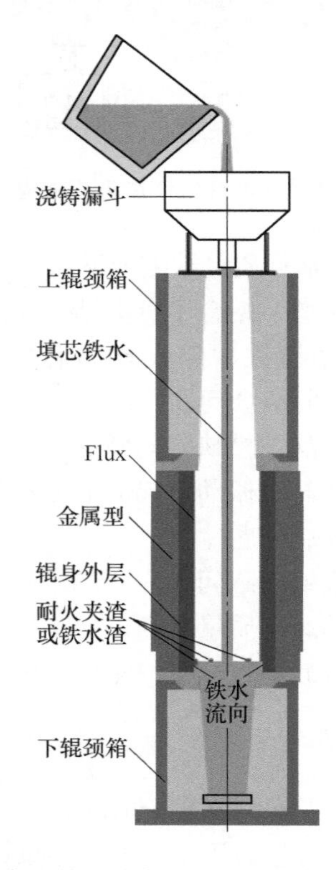

图 7-5　离心轧辊结合层夹渣缺陷的形成示意图

图 7-5 彩图

位的外层已凝固材料将不同程度地被填芯铁水所熔蚀掉，其外层厚度也将比原始浇注厚度有所减薄。

夹渣的内容物与大块夹渣基本相同，仍为石英砂、耐火涂料、玻璃碴一类非金属夹杂物。离心轧辊结合层夹渣缺陷可能是大块单个的、多个密集的，也可能是小至几毫米的密集分布缺陷。由于这些小当量密集夹渣缺陷的声程基本相同，因而在超声波探伤时它们的反射声压可能产生叠加而以一个较大缺陷反射波出现在探伤仪的屏幕上。这种密集而单个当量尚未超标的结合层夹渣缺陷应注意考察其密集区指示面积大小。由于夹渣缺陷对于结合层来说其空间形貌为平面，密集分布的小当量夹渣在辊身残余应力、轧制应力和辊面热应力作用下将会发生各自沿结合层的扩展及相邻缺陷的互相连接，导致在轧制工况下断裂。

7.1.2.2 离心复合轧辊铸造过程的粘砂

轧辊铸铁的粘砂，基本发生在轧辊辊颈及梅花头处（轧辊大小轴的结合位置），在半冷硬轧辊的辊身挂砂部分也偶尔发现有局部的粘砂现象。粘砂的形状基本有两种。典型的情况是铁与砂的混合，形成一层砂铁难分的“铁包砂”，如图 7-6 所示。这种铁包砂极大地增加了加工难度，对轧辊加工机床和刀具的损耗是常规轧辊的 2~3 倍。

图 7-6 高铬铸铁复合轧辊铸造中的“铁包砂”现象

造成“铁包砂”原因有很多，以下几种是最常见的情况：

（1）型砂及涂料层干燥后，在丧失紧密性及强度的铸型部分造成包砂。

（2）特别严重的粘砂往往发生在下辊颈，因为金属对下部铸型的静压力较上部高，所浇注的铁水从下部进入铸型，铸型下部高度受热并较长时间冲刷涂料层也是包砂的原因。长辊颈轧辊往往比短辊颈的轧辊包砂严重。

（3）铸型不合理的烘干制度也会导致粘砂。烘干铸型时，如果在点火后急剧升温，水分剧烈蒸发，产生大量水蒸气，促使型砂开裂；升温过高、保温时间过长时，涂料被烧焦而丧失黏结力，也导致轧辊产生粘砂。

包砂严重的轧辊不易清理，给加工带来很大困难。防止粘砂的主要办法是：

（1）认真执行涂料配比制度，涂料不能过松和过紧，保持涂料均匀。

（2）严格遵守合理的铸型、端盖、底座箱和冒口箱烘干制度。

综上可知，冶金轧辊的铸造缺陷与各个工序的工艺控制和工装设计都密切相关，现将典型离心复合轧辊在各个工序的铸造质量缺陷及原因分析列于表7-1。

表7-1　典型离心复合轧辊铸造质量缺陷及原因分析

序号	缺陷名称	原因分析	
		冶炼、浇铸	涂料、合箱、造型
1	硬度偏高、偏低	（1）熔炼时铁水长时间保持高温或浇铸温度偏高，导致激冷性加强； （2）铁水合金成分高或低（高、低），碳含量高或低，使得碳化物偏多或偏少； （3）炉前铁水硅含量高，包内孕育量小（高）、球化包底没堤坝，包内球化孕育时球化剂、孕育剂上浮，使得球化衰退或者球化不良，造成石墨形态不好，影响机体组织（高、低）； （4）浇铸时冷型模具预热温度偏高或偏低	（1）涂料质量大小不准确，涂料温度过高或过低，造成涂料层过薄或过厚； （2）外层离心时，转速过高
2	*R*处夹渣、气孔等	（1）芯部球墨铸铁铁水浇铸温度低，使得铁水流动性不好，夹渣、氧化渣不易上浮； （2）炉料、炉内、铁水包内的炉渣处理不干净； （3）铁水包没烘干，球化剂、孕育剂、覆盖剂等添加剂潮湿，覆盖的铁屑氧化严重或者里面垃圾太多，使得铁水夹气夹渣严重； （4）铁水在炉内经高温时间太长，铁水氧化严重，吸氢或吸氧量大； （5）浇辊环冲芯时未换浇铸系统，在铁水冲击下把上次在浇铸系统中的铁、渣等带回铁水中造成夹渣	（1）玻璃碴覆盖不完全，外层内腔两端铁水氧化严重； （2）外层、芯部用浇铸系统修复不及时或没烘干，降低铁水进入型腔温度，特别是清理不干净有残铁或渣铁等，涂料太厚或者涂料有堆积，浇铸过程中在铁水冲击下带入铁水而形成夹渣或气孔； （3）外层离心浇铸前，冷圈内垃圾清理不干净； （4）端盖没烘干或落砂严重，端盖型砂强度、紧实度不够，内表面型砂 *R* 角不光滑，带毛刺； （5）上、下头颈砂型没烘干； （6）端盖、冒口、底箱涂料太厚或有堆积

续表 7-1

序号	缺陷名称	原因分析	
		冶炼、浇铸	涂料、合箱、造型
3	芯部缩松	（1）填芯时到冒口部分浇铸速度过快，最后没点冒口； （2）芯部铁水出铁量不足或少备炉料，铁水没浇到位	（1）错用冒口砂模，冒口余量不足； （2）错用冒口工装模具，冒口余量不足
4	外层偏析	（1）外层开浇速度过慢或浇铸中有停顿，造成层析； （2）离心机开机不及时，开始浇铸外层时离心速度未达到，浇铸在加速中进行，使得表面一层组织致密性差，组织形态不好，合金碳化物分布不均（低）； （3）浇铸时离心机振动大或冷型窜动大； （4）调整成分后未经过一定时间一定温度的熔炼就出铁，使得部分合金还来不及熔化	
5	合金层厚或薄（冲偏）	（1）填芯铁水温度过低或过高； （2）填芯时，浇铸漏斗内铁水过浅，浇口承压小，造成出口铁水不集束； （3）外层铁水不够	（1）排底箱时，位置不水平，填芯浇铸漏斗出口偏离中心位置，或浇铸漏斗中线与水平位置不垂直，浇铸漏斗底座不平； （2）底箱与冷圈间跑火现象严重； （3）端盖小头尺寸错误
6	球化不良 球化衰退 石墨悬浮	（1）铁水包内球化剂安放位置错误，或出铁时方法不当，没有选用合适的球化包； （2）球化处理后到浇铸间隔时间太长； （3）出铁温度过高，Mg 烧损严重，残 Mg 量少，本书采用高温熔炼低温浇铸，及时球化，强化孕育； （4）出铁温度过低，覆盖剂（铁屑）易“结死”在包底，不起作用； （5）铁水氧化严重或者包内、炉内渣多，Mg 作强脱氧剂，残 Mg 量少； （6）铁水包无堤坝或者堤坝太浅，在铁水冲击下球化剂、孕育剂漂浮在铁水上，不在包内反应，铁水不能强烈翻滚，球化效果不好； （7）孕育量不够，使得球铁白口化严重； （8）废钢里有反石墨元素存在	球化包修复不及时，堤坝冲塌严重，或无堤坝

续表 7-1

序号	缺陷名称	原因分析	
		冶炼、浇铸	涂料、合箱、造型
7	辊面夹渣、针孔	(1) 外层出铁温度、浇铸温度不合理; (2) 炉内、铁水包内的垃圾处理不干净; (3) 铁水包没烘干,铁水内夹气严重; (4) 孕育、球化处理后立刻浇铸,作用不充分,铁水镇定时间太短; (5) 浇铸外层时,开浇速度过慢,表层铁水凝固过快,垃圾不能及时往里浮出	(1) 外层用浇铸系统修复不及时或没烘干,降低铁水进入型腔的温度,并夹带进部分垃圾及气体; (2) 外层离心浇铸前,冷圈内垃圾清理不干净; (3) 涂料温度过低或涂料温度差大,涂料层不坚固; (4) 端盖没烘干或落砂严重
8	结合不良	(1) 离心机离心时间或停转到填芯间隔时间过长; (2) 冲芯温度偏低	

7.2 高铬铸铁复合轧辊的失效

7.2.1 轧辊的断裂理论

铸铁轧辊的裂纹是常见的使轧辊成为废品的严重缺陷。按其特点分为热裂和冷裂,根据裂纹的形状分为横裂和纵裂,按其部位又可分为下辊身小裂纹、上辊身小裂纹、辊身通裂、辊身中间小裂纹、辊身中间螺旋形裂纹以及辊颈横竖裂纹等。关于热裂纹形成的温度范围,有认为是在凝固温度范围内,但临近于固相线温度时才形成的,此时合金处于固液共存态;有认为热裂纹是在稍低于固相线温度时形成的,此时合金处于固态;也有认为是在浇铸后800~1050℃范围内形成的。冷裂纹在轧辊完全凝固后才形成,在轧辊开箱或机械加工时各处不是同时进行的,因此引起了很大的内应力。这种内应力的产生和存在,往往使轧辊发裂。

防止裂纹缺陷的措施很多,其主要方法是:在轧辊凝固过程中较长时间保持冒口铁水的液体状态,轧辊浇铸可加入发热剂。在高温热处理时,奥氏体转变为马氏体过程中要采取保温措施(在冷型外侧加保温套),使其缓慢均匀冷却,开箱温度不能高于150℃,以保证基体体积逐渐增大;适当增加冷型涂料厚度,或采用导热性较低的涂料,对防止发裂都有效果;适当增加表层铁水中的硅含量,使轧辊组织中出现一定数量且充分弥散的细小石墨,以增加马氏体转变过程体积增大时的缓冲作用,对防止发裂比较有效。

关于热裂纹的形成机理,目前有两种理论,即强度理论和液膜理论。强度理论认为：铸件在凝固末期，当结晶骨架已经形成并开始线收缩后，由于收缩受阻，铸件中就会产生应力和塑性变形；当应力或者塑性变形超过了轧辊材料在该温度下的强度极限时，铸件就会开裂。铸件凝固后，在稍低于固相线温度时，如果也满足上述条件，同样会造成热裂纹。铸铁轧辊在接近固相线温度时强度和塑性都很低，所以可能很小的铸造应力和塑性变形都能产生热裂纹。

液膜理论认为：铸件冷却到固相线温度附近时，晶体周围还有少量未凝固的液体，构成一层液膜，初期较厚，温度越接近固相线，液膜就越薄。当铸件全部凝固后，液膜即全部消失。在晶粒之间有液膜存在，该处的强度和塑性低，此时铸件收缩受阻，液膜即被拉长。当液膜拉长速度超过了某一限度时，液膜即被拉裂。在下面的讲述中将分别举例介绍常见的轧辊断裂情况。

7.2.2　外层铬元素向芯部渗铬过多导致轧辊断裂

1985 年邢机从德国 Gontermann-Peipers（GP）公司引进了立式离心高铬铸铁复合辊的制造技术，在该项技术的轧辊质量控制部分，GP 公司提出了关于结合层弱结合的概念。当时邢机参与引进技术和赴 GP 公司培训学习的人员对此并无深刻的认识，只将弱结合理解为结合层存在少量夹渣的情况。由于在随后的一系列高铬铸铁复合辊生产中遇到了多支轧辊结合层夹渣而判废的问题，就将夹渣问题作为主要矛盾来解决。他们在生产中为了在不提高填芯温度前提下提高填芯球墨铸铁（ductile cast iron，DCI）铁水的流动性，以便有较长时间使填芯铁水将已基本凝固的辊身高铬铸铁外层内表面的玻璃碴和黏附的一些夹渣冲刷及熔蚀掉，将 GP 公司规定的碳含量从 2.5%~2.7%增加到 2.7%~3.0%。碳含量的增加对解决结合层夹渣问题好像起了作用，轧辊的探伤“合格率”得到了提高，但深层次的问题被掩盖了。在随后使用中，问题终于爆发了，轧辊在使用中发生了辊身大面积剥落，剥落区从辊身一端延伸到了另一端。经邢机与宝钢双方共同对余下的多支高铬铸铁辊进行超声波检测，将其分类并挑选了一些结合层回波较低、复合质量较好的轧辊继续使用。后来事态的发展出乎意料，这些轧辊在使用后不久发生了大面积的轧辊剥落或断辊事故。

由于高铬铸铁中铬元素向芯部渗铬导致轧辊断裂问题在棒线材轧辊中同样存在，虽然芯部铁水的碳当量提高降低了铁水的熔点、提高了铁水的流动性、克服了离心轧辊结合层的夹渣问题，但是问题的另一面是由于芯部碳含量的增加和熔点的降低引起内外层熔结时间延长，这将容易导致结合层变厚和 Cr 含量明显增高，结合层部位形成粗大的莱氏体碳化物。如图 7-7 所示，结合层中出现大量的粗大渗碳体碳化物，芯部中石墨含量低，球形度差，形态为片状，组织中同样存在多量和大块的碳化物，大大降低了芯部的力学性能（强度和塑性）。由于结合层的大块粗大 M_3C 型碳化物在使用中的疲劳开裂，将造成结合层机械强度恶化、脆性大、导热性差而形成所谓“弱结合”的结果。

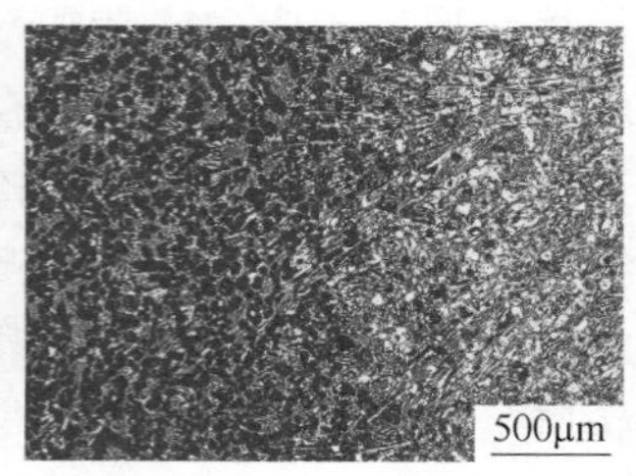

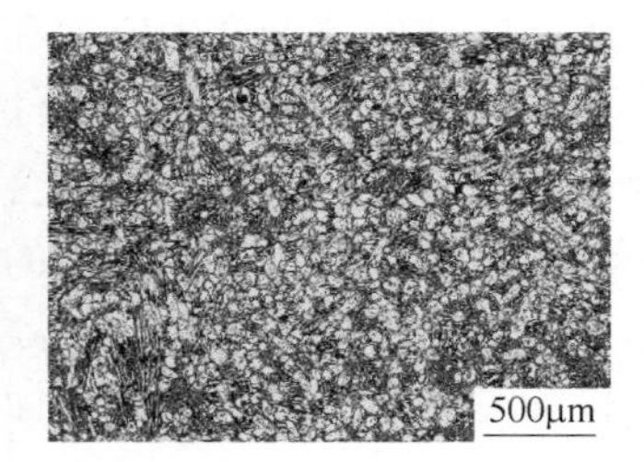

图 7-7 高铬铸铁工作辊结合层部位显微组织形貌
（50×，左侧为芯部球墨铸铁，右侧为外层高铬铸铁，结合界面充斥着大块渗碳体碳化物）

芯部球墨铸铁中 Cr 含量的增加使得莱氏体碳化物大大增多，同时大大降低了组织中游离石墨的含量，而适量石墨在使用过程中可以抵消热应力下的体积膨胀，并松解掉部分外层的拉应力，对轧辊使用安全是有利的。芯轴的硬度数据可以反映该问题的严重程度，如果硬度高于 45HSD，芯部中碳化物含量超标的概率较大；如果硬度高于 50HSD，根据使用经验，轧辊上机后在轧制力、辊面受热后膨胀的热应力和综合上述因素共同作用下，发生辊身断裂事故的风险极大，一般作为不合格品处理。结合金相组织观察也可以进一步判断是否有问题，一般来说，只要组织中出现牛眼状铁素体，芯部成分中碳化物形成元素（主要为铬）含量就不会高，其游离渗碳体含量也就不会大。上述显微组织性能表现在力学性能（硬度）方面则是辊颈表面以中低硬度为宜，其范围大致为 35~43HSD。

7.2.3 残余奥氏体的相变应力导致轧辊断裂

以某公司的轧辊发生断辊事故为例，轧辊断辊发生预切分机架，为第一次上机，当时过钢 1000 多吨，经过硬度检测，辊面硬度为 75~78HSD，芯轴硬度为 40~43HSD，符合相关标准。轧辊辊身断裂部位均无肉眼可见的铸造缺陷，断面无放射状花纹，观察轧辊表面情况，传动侧、辊面中部辊面良好，无热裂纹断口形貌，如图 7-8 所示。

对断辊的外层和芯轴进行金相分析，从芯部金相组织来看，断口芯部层未见中心铸造缩松、明显夹渣缺陷；将金相组织芯部球墨铸铁金相与国家标准 GB/T 9441—2009 对比，石墨球化级别为 2 级；石墨大小级别为 5 级；珠光体数量为珠 95；碳化物数量级别为碳 10，轧辊的芯部组织符合轧辊的芯部球墨铸铁控制标准。图 7-9 为亚临界热处理后的高铬铸铁轧辊断辊后辊面残片的金相组织，从图中可以看出，高铬铸铁经过亚临界热处理后，大部分残余奥氏体已经完全完成了分解，但是还有一部分并未分解彻底，而分解不彻底的残余奥氏体在加工应力作用下发生相变，周围分布细小的灰色针状马氏体（位于残余奥氏体晶粒的周围）

图 7-8 预切分机架高铬铸铁轧辊的断面形貌

就是源于亚稳残余奥氏体在加工应力下的相变，而相变区域在奥氏体边缘位置是因为共晶 M_7C_3 碳化物在凝固过程中使得奥氏体晶粒边缘的碳含量相对于内部碳含量更低，从而使得边缘奥氏体的稳定性更低，因此在外界应力作用下更容易发生奥氏体→马氏体相变，因此推断轧辊开裂的原因是轧辊经过亚临界热处理后，残余奥氏体分解不彻底，未分解的残余奥氏体过饱和度高，轧钢过程中在轧制应力和热应力的作用下这部分不稳定的奥氏体发生马氏体相变，马氏体相变伴随7%的体积膨胀应力，进而导致轧辊开裂。

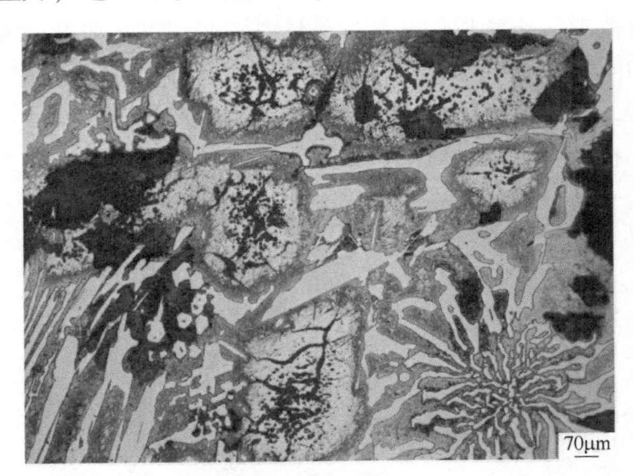

图 7-9 亚临界热处理后高铬铸铁断辊残片的组织

7.2.4 高铬铸铁复合轧辊轧线上的辊颈断裂

螺纹钢轧线的复合轧辊辊颈材质大多为球墨铸铁，对球墨铸铁来说，影响其力学性能的因素较多，除了球墨铸铁容易产生的显微疏松、缩松及夹灰缺陷外，石墨的球化质量也是一个主要因素。对于复合辊芯部的球墨铸铁而言，容易被忽略的另一个重要因素是组织中的碳化物含量。第 7. 2. 2 节描述的辊身断裂的实例如此，下面介绍一个高铬铸铁辊辊颈断裂的实例。

在某轧钢厂使用的 4394 号工作辊发生辊颈扁头扭断的事故。轧辊扁头断裂裂纹走向如图 7-10 所示。该辊扁头的断裂虽然不能排除承受轧制冲击扭转载荷的因素，但显微组织不良导致辊颈力学性能明显低下，从而不足以保证轧辊在整个在役过程必须承受频繁冲击扭转载荷的要求。

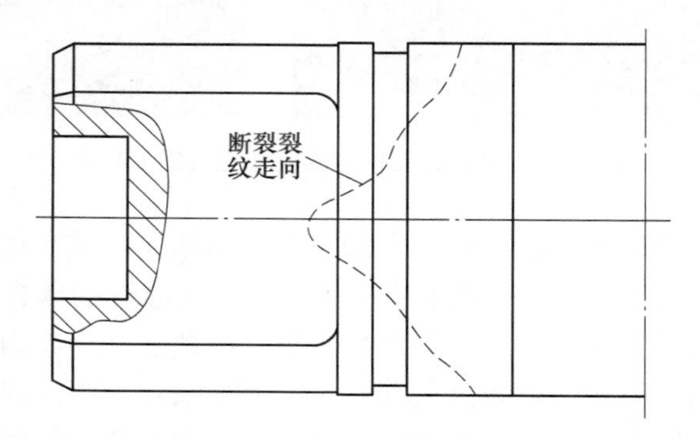

图 7-10　轧辊扁头断裂裂纹走向示意图

断裂后经取样化验，辊颈铸铁中铬含量高达 0. 87%，根据国内关于铸铁轧辊的材质合金成分范围，铬含量如此高的球铁基本可以归入碳化物量多、脆性大的低镍铬球铁。如图 7-11 所示，扁头的金相结果验证了该结论，组织中存在大量的莱氏体碳化物，这样的组织是不适合用作复合辊芯部的，特别不适于用作热连轧工作辊辊颈、扁头等承受大弯矩、大扭矩等部位材质。

图 7-11　辊轴扁头的金相组织（腐蚀后）

综上，对复合高铬铸铁轧辊芯部球铁的显微组织提出两个要求：首先，石墨球化度良好、球形度高的石墨对基体割裂小，避免在服役过程中在石墨周围形成应力集中导致轧辊断裂，如图 7-12 所示，球化处理不恰当的芯部球铁组织中存在大量的絮状石墨，这样的组织通常强韧性较差；其次，对游离碳化物的含量应该有所控制，特别是要求应该析出牛眼状游离铁素体，只要组织中出现牛眼状铁素体，芯部成分中碳化物形成元素（主要为铬）含量就不会高，其游离渗碳体含量也就不会大。上述显微组织性能表现在硬度方面则是辊颈表面以中低硬度为宜，根据历来的经验，其范围大致为 35~43HSD。对于采用高温热处理的复合辊辊颈，高温下组织中游离铁素体将奥氏体化，其附近石墨中的碳元素向奥氏体中扩散，冷却时形成细珠光体，组织中游离铁素体将消失，表面硬度也将较高。此时应重点考察芯部铬含量和游离渗碳体含量，以确保辊颈、扁头等部位的使用安全。

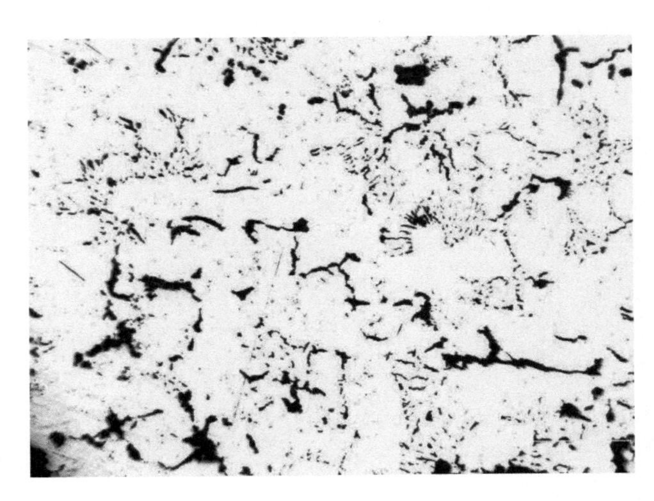

图 7-12 球化不良的芯部球铁组织

7.2.5 螺纹钢轧线多切分轧辊崩槽导致失效

多切分螺纹钢 K3 崩槽是指在轧制过程中，K3 道次轧槽，切分带出现撕裂、啃坏、“掉肉”、凹坑等现象。轧槽崩槽主要表现为切分带横向挤压开裂、压下过大啃坏、崩缺、磨损不均等导致切分带撕裂、“掉肉”等现象，导致切分轮撕不开，造成事故。K3 崩槽的主要影响因素如下：

（1）来料过大，即 K4 出料过大，造成 K3 压下量过大，切分带负荷过大，造成崩槽。

（2）来料咬入不正。K4 出料不规则，走势不正，出现侧弯等，或轧制线未对中，造成咬入 K3 时 K4 预切分带与 K3 未对中，导致咬入瞬间 K3 切分带受力过大，造成崩槽。

（3）K4 轧槽磨损过大，导致上下槽预切分带间隙大，K3 压下量增加。K4 轧槽磨损后，预切分带间隙增加，K3 切分带受力增加，很容易导致崩槽。

（4）轧槽冷却不充分，轧槽冷却水管过窄、水压低、水量少，或冷却水未对中切分带集中冷却等，均造成 K3 切分带热负荷过大，轧制到一定过钢量时造成崩槽。

8 高铬铸铁复合轧辊在螺纹钢棒材生产中的应用

8.1 引　　言

螺纹钢在很多大型工程中被广泛运用，棒线材轧线对轧辊技术的要求也越来越高。从长远发展角度出发，需要加强对螺纹钢生产与轧辊技术的研究力度，掌握轧辊技术的现状以及未来发展趋势，不断更新轧辊材质、制造工艺等技术，注重从不同专业视角出发，明确影响轧辊技术发展的因素；技术创新过程中，还应权衡好经济效益，综合考虑产品性能、质量等指标，并融入近年来衍生出的新材料、新技术，使轧辊技术的实用性和综合性更强。螺纹钢生产与轧辊技术的发展必然会推动轧钢技术的发展，随其发展的还有材料及组合式轧辊技术，发展前景非常乐观，有助于带动我国钢铁行业不断迈向全新领域，因此，在轧辊技术发展进程中，应做到持续优化，为轧辊制造技术的发展开拓更多可能性，同时为钢铁行业的发展提供技术支撑。材料性能和质量对轧辊产品质量起到决定性作用，轧辊材料作为钢铁生产的重要基础部分，根据不同材质轧辊的性能特点对螺纹钢轧线的不同机组进行配对选用具有重要的工程意义。

8.2 螺纹钢轧线的轧辊选用原则

螺纹钢轧线通常有 18 个机架[111-113]，如图 8-1 所示。其中粗中轧机架用轧辊最看重的是轧辊的抗热裂能力，需要在保证轧辊的抗热裂能力的基础上考虑轧辊的耐磨性，因此 K5～K18 粗中轧机架通常选用球墨铸铁或合金半钢材质轧辊，球墨铸铁和合金半钢轧辊具有很好的抗热裂能力。相比于粗中轧机架，精轧机组（K1～K4）对轧辊的耐磨性要求更高，其中 K1 为成品机架，K3 为切分机架，K4 为预切分机架，由于轧辊开槽孔型的原因，K3 和 K4 机架轧辊的孔型槽需要有切分刃，对材料的韧性要求较高，不然轧辊在工况运行过程中容易发生崩刃等非正常失效情况，而成品机架（K1）的轧辊需要在槽内铣螺纹（横肋）和商标，对材料的耐磨性要求高[114]，K1～K4 机架的轧辊孔型示意图和实物图分别如图 8-2 和图 8-3 所示。基于以上判断，在切分和预切分机架（K3 和 K4）选用韧性较好的亚共晶高铬铸铁。成品机架（K1）选用耐磨性更好的过共晶高铬铸铁体系。

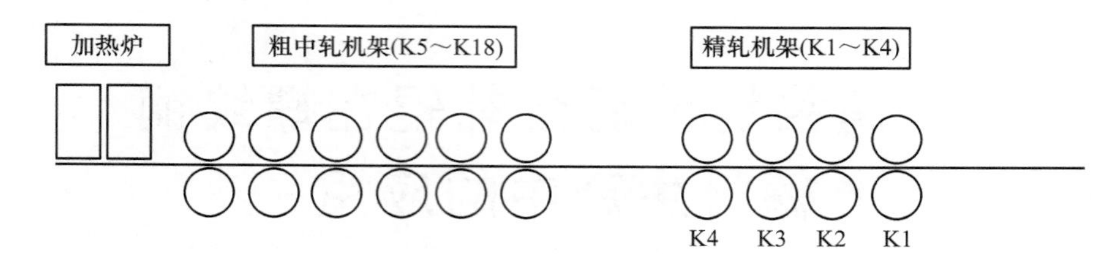

图 8-1 螺纹钢轧线机架示意图

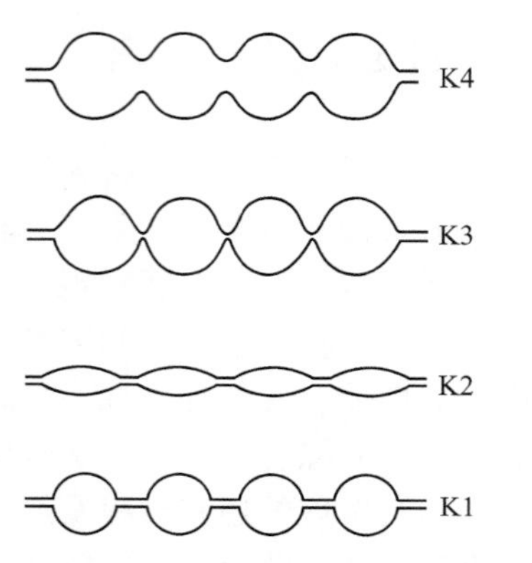

图 8-2 精轧机架（K1～K4）孔型示意图

图 8-3 轧辊的开槽孔型实物图

（a）成品机架（K1）；（b）切分机架（K3）

8.2.1 粗、中轧机组

对于传统粗、中轧轧辊技术，其工况具有温度高、转速慢、受力大的特点，对产品成品的表面质量影响不大。主要考虑其抗热裂和耐磨性的问题，材质通常选择锻钢、半合金铸钢、石墨钢和合金球墨铸铁等，因为它们的抗热疲劳性能相对较好，而出现的问题主要是由磨损严重导致的断辊，近年来粗中轧机组的轧辊材质不断更新，高铬钢、半高速钢等材质轧辊取得了较好的使用效果，尤其是半高速钢，其较低的碳元素含量保证了其良好的高温抗热裂性能，组织中孤立分布着的高硬度 MC 碳化物使其具有良好的红硬性和耐磨性，成功提升了抗热疲劳性能和耐磨性的综合性能。粗轧轧辊报废后的体积巨大，针对报废轧辊的修复工作，硬面技术的开发对其有巨大贡献。例如利用激光技术对轧辊表面进行再修复，利用表面堆焊技术对部分半连轧线的轧辊进行二次修复。其不仅使轧辊的使用寿命有了进一步提升，还大大降低了轧辊的基础成本。针对粗、中轧工况设计的轧辊材料，其报废的轧辊还可以作为精轧机组轧辊的芯轴，大幅提高了轧辊的二次利用率，大幅降低了轧辊的生产成本。

8.2.2 精轧机组

精轧机组对螺纹钢表面质量起决定性作用，其耐磨性至关重要，整个部门的产量、效益、成本等，都与之息息相关。所以针对其精轧的轧辊，相关人员都格外重视。一般来说，全连轧线精轧机组有 4~6 个机架。如果是在单线生产中的简单要求，离心铸铁轧辊就基本可以满足了。但是随着材料技术的迅猛发展，高铬铸铁轧辊、改进型高铬铸铁轧辊、高速钢轧辊及硬质合金辊环轧辊等已被广泛运用于成品机架（K1）及成品前机架（K2）。同样，随着多切分技术的普及，高合金辊套组合轧辊被运用于切分（K3）、预切分（K4）机架，切实解决了崩刃、崩槽、磨损等情况，显著提高了部门作业率，减少了资源浪费等。

虽然精轧机组的轧辊外形大多没有什么变化，但对轧辊的要求区别却截然不同。耐磨性、安全性与可加工性是 K1 机架轧辊最为关注的，不仅需要保障轧辊的过钢量、不崩槽，还要具有良好的加工性能。针对加工问题，除了硬质合金辊环，其余轧辊硬度均需控制在 80~85HSD，而 K2、K4、K6 机架轧辊，其抗热裂能力需要被重点关注。K3 由于具有窄而尖的刃口，对轧辊韧性与耐磨性的综合性能提出了更高的要求，它们的硬度要求比成品机架（K1）略低，可控制硬度在 80HSD 上下，以保证其较好的可加工性能。高铬铸铁和高速钢轧辊的碳含量需要适当降低，以高铬铸铁为例，K1 常采用过共晶点的高铬铸铁成分，而 K3、K4 常采用亚共晶高铬铸铁的成分范围，通过控制组织中碳化物的含量以获得更高的强韧性和抗热裂能力。

8.3 改进型高铬铸铁复合轧辊在螺纹钢轧线上的应用

轧辊在使用之前先进行轧机预装和冷却水管的安装，冷却水管的安装对轧辊的使用性能有着重要的影响，因为冷却效果的好坏对轧辊的使用寿命具有重要影响。图 8-4 是轧辊的轧机装配图和轧钢现场图。

(a)

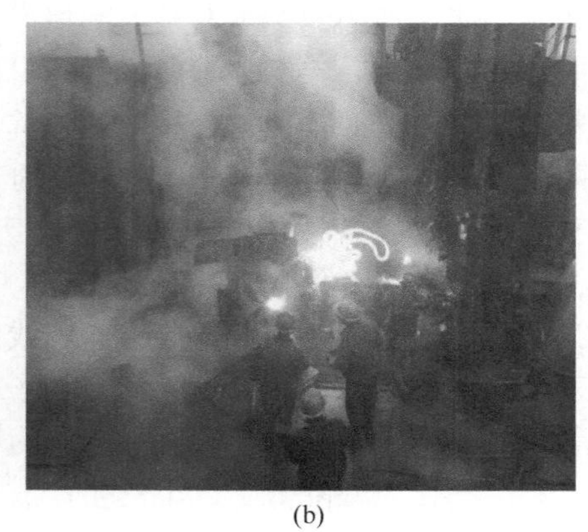

(b)

图 8-4　轧辊的装配图(a)和螺纹钢轧线轧钢图(b)

试制的 1~4 号轧辊分别在螺纹钢轧线的切分机架（K3）和成品机架（K1）上机使用，轧辊的实际工况分别如表 8-1 和表 8-2 所示，由表可知，2 号轧辊在螺纹钢轧线切分机架（K3）的过钢量比 1 号轧辊提高 25%左右，4 号轧辊在螺纹钢轧线成品机架（K1）的过钢量比 3 号轧辊提高 30%~35%。

表 8-1　螺纹钢轧线上切分机架（K3）的应用工况对比数据

产品规格/mm	ϕ12（带肋钢筋）	ϕ14（带肋钢筋）
	单组槽过钢量/t	单组槽过钢量/t
1 号轧辊	1600	2000
2 号轧辊	2000	2500

表 8-2　螺纹钢轧线上成品机架（K1）的应用工况对比数据

产品规格/mm	ϕ12（带肋钢筋）	ϕ14（带肋钢筋）	ϕ16（带肋钢筋）
	单槽过钢量/t	单槽过钢量/t	单槽过钢量/t
3 号轧辊	160	220	290
4 号轧辊	220	350	480

图 8-5 是 3 号和 4 号轧辊在 ϕ12 螺纹钢成品机架（K1）单槽过钢量为 180t 的螺纹钢表面质量的对比，由图可知，4 号轧辊的螺纹钢表面质量优于 3 号轧辊的螺纹钢表面质量。4 号轧辊轧制的螺纹钢的表面粗糙度低，螺纹钢横肋清晰，商标尺寸饱满；3 号轧辊轧制的螺纹钢表面横肋出现明显的磨损情况导致横肋底部出现麻面，轧辊槽底磨损明显，导致螺纹钢中部出现凸起。综上所述，3 号轧

辊的耐磨性低于4号轧辊，铌合金化后的过共晶高铬铸铁轧辊耐磨性明显提高。

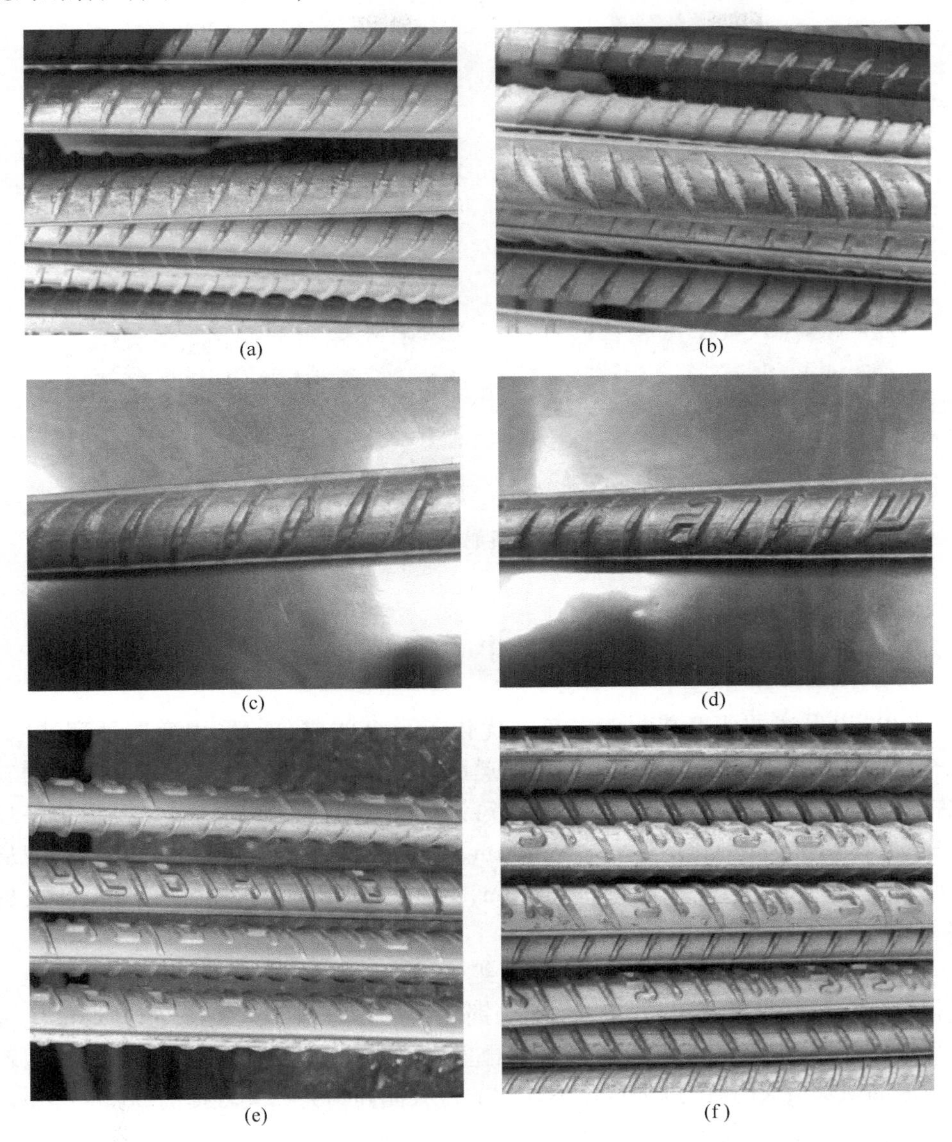

图8-5　轧辊在ϕ12螺纹钢成品机架（K1）单槽过钢量为180t的螺纹钢表面质量的对比
(a)~(d)3号轧辊；(e)(f)4号轧辊

另外，在轧辊整个使用周期中，3号轧辊常发生崩槽等非正常失效情况，图8-6是3号轧辊崩槽的实物图。原因是3号轧辊辊身组织中存在大量的粗大初生碳化物，降低了轧辊的韧性，使得在轧制的机械应力和热应力条件下产生崩槽现象。4号轧辊组织中的初生碳化物更细，并且数量减少，初生碳化物的尖端出现明显的钝化，提高了过共晶高铬铸铁轧辊的韧性，有效地避免了轧辊崩槽现象的发生。

图 8-6　轧辊崩槽的实物图

8.4　小　　结

（1）以上述的研究成果为基础，优化了合金的成分。采用变质处理技术，进一步细化了亚共晶高铬铸铁组织中的奥氏体晶粒和过共晶高铬铸铁组织中的碳化物，成功制备了高耐磨离心复合高铬铸铁轧辊。亚共晶高铬铸铁的奥氏体晶粒从变质前的 100μm 细化至变质后的 70μm。过共晶高铬铸铁的初生碳化物长度从变质前的 200μm 细化至变质后的 130μm，宽度从变质前的 20μm 细化至变质后的 12μm。

（2）通过应用在螺纹钢轧线精轧机组的切分机架（K3）和成品机架（K1），硅含量高的亚共晶高铬铸铁轧辊在螺纹钢轧线的切分机架（K3）的过钢量比常规高铬铸铁轧辊提高了 20%～25%。铌合金化的过共晶高铬铸铁轧辊在螺纹钢轧线的成品机架（K1）的过钢量比不含铌的过共晶高铬铸铁轧辊提高 30%～35%。

参 考 文 献

[1] LAI J, PAN Q, PENG H, et al. Effects of Si on the microstructures and mechanical properties of high-chromium cast iron [J]. Journal of Materials Engineering Performance, 2016, 25: 4617-4623.

[2] 兰勇军，陈祥永，黄成江，等. 带钢热轧过程中温度演变的数值模拟和实验研究 [J]. 金属学报，2001，37 (1)：99-103.

[3] LUNDBERG S E, GUSTAFSSON T. The influence of rolling temperature on roll wear, investigated in a new high temperature test rig [J]. Journal of materials processing technology, 1994, 42 (3): 239-291.

[4] LUNDBERG S E. Evaluation of roll surface temperature and heat transfer in the roll gap by temperature measurements in the rolls [J]. Scandinavian journal of metallurgy, 1997, 26 (1): 20-26.

[5] CHANG D F. Thermal stresses in work rolls during the rolling of metal strip [J]. Journal of Materials Processing Technology, 1999, 94 (1): 45-51.

[6] TSENG A, LIN F H, GUNDERIA A S, et al. Roll cooling and its relationship to roll life [J]. Metallurgical Transactions A, 1989, 20A (11): 2305-2320.

[7] FU H, XIAO Q, XING J. A study of segregation mechanism in centrifugal cast high speed steel rolls [J]. Materials Science and Engineering: A, 2008, 479 (1): 253-260.

[8] 孙德勤，吴春京. 双金属复合材料铸造工艺研究进展 [J]. 铸造，1999 (12)：48-51.

[9] KIM S W, LEE U J, WOO K D, et al. Solidification microstructures and mechanical properties of vertical centrifugal cast high speed steel [J]. Materials Science and Technology, 2003, 19 (12): 1727-1732.

[10] KARANTZALIS A E, LEKATOU A, MAVROS H. Microstructural modifications of as-cast high-chromium white iron by heat treatment [J]. Journal of Materials Engineering and Performance, 2009, 18 (2): 174-181.

[11] 潘宝友. 高镍铬无限冷硬铸铁轧辊的生产 [J]. 科技创新与应用，2014 (25)：1.

[12] BIGGI A, IPPOLITI A, MOLINARI A. Hot strip mill work roll development [C]//AIME. 40th Mechanical Working and Steel Processing Conference Proceeding, 1998, 36: 419-426.

[13] ANDERSSON M, FINNSTRÖM R, NYLEN T. Introduction of enhanced indefinite chill and high speed steel rolls in European hot strip mills [J]. Ironmaking and Steelmaking, 2004, 31 (5): 383-388.

[14] LAI J P, YU J X, WANG J. Effect of quenching-partitioning treatment on the microstructure, mechanical and abrasive properties of high carbon steel [J]. International Journal of Minerals, Metallurgy and Materials, 2021, 28 (4): 676-687.

[15] GB/T 1503—2008 铸钢轧辊 [S]. 北京：中国标准出版社，2008.

[16] 时晓飞，宋延沛，程相振，等. 热处理工艺对高碳高铬钢组织和性能的影响 [J]. 铸造，2013，62 (6)：537-540.

[17] LIU J, LIU G, LI G, et al. Research and application of as-cast wear resistance high chromium

cast iron [J]. Chinese Journal of Mechanical Engineering, 1998, 11 (2): 130-135.
[18] PEARCE J T H. High chromium cast irons to resist abrasive wear [J]. Foundryman, 2002, 95 (4): 156-166.
[19] 符寒光，肖强．离心铸造复合冶金轧辊技术的发展 [J]．特种铸造及有色合金，1997 (3): 51-54.
[20] 赵风杰．高铬复合铸造轧辊综述 [J]．铸造技术，1994 (3): 6.
[21] 宋现锋，邵明，屈盛官．超高铬铸铁气门座离心铸造工艺研究 [J]．热加工工艺，2010 (13): 3.
[22] 鞍钢重型机械有限责任公司．一种高铬铸铁轧辊及其生产方法．中国，CN201010258440.9 [P]. 2012-03-14.
[23] KUDO T, KAWASHIMA S, KURAHASHI R. Development of monobloc type high-carbon high-alloyed rolls for hot rolling mills [J]. SIJ international, 1992, 32 (11): 1190-1193.
[24] 文铁铮，郭玉珍．轧辊制造技术新论 [M]．河北：河北科学技术出版社，2014: 231-235.
[25] GB/T 1504—91 铸铁轧辊 [S]. 北京：中国标准出版社，1992.
[26] GB/T 1503—2008 铸钢轧辊 [S]. 北京：中国标准出版社，2008.
[27] 丁家伟，丁刚，强颖怀．第二代电渣冶金工艺研究 [J]．材料与冶金学报，2011, 10 (B03): 8.
[28] MEDOVAR B I. Centrifugal electroslag casting and electroslag permanent mold casting: A new generation in electroslag technology [J]. Journal of Vacuum Science & Technology A, 1987, 5 (4): 2678-2681.
[29] WALMAG G, SKOCZYNSKI R J, BREYER J P. Improvement of the work roll performance on the 2050 mm hot strip mill at Iscor Vanderbijlpark [J]. Metallurgical Research & Technology, 2001, 98 (3): 295-304.
[30] ASTM A 532—1999 Standard Specification for Abrasion-Resistant Cast Irons [S]. 美国：美国标准协会，1999.
[31] DIN 1695—81 Standard Specification for Abrasion-Resistant Cast Irons [S]. 德国：德国标准协会，1999.
[32] NF A32-401 (1980) Standard Specification for Abrasion-Resistant Cast Irons [S]. 法国：法国标准协会，1999.
[33] BS 4844—1986 Standard Specification for Abrasion-Resistant Cast Irons [S]. 英国：英国标准协会，1999.
[34] BEDOLLA J A, CORREA R, MEJIA I, et al. The effect of titanium on the wear behaviour of a 16% Cr white cast iron under pure sliding [J]. Wear, 2007, 263 (1-6): 808-820.
[35] 王兴衍．高铬三层复合结构铸铁轧辊的试制研究 [J]．机械研究与应用，2009 (3): 3.
[36] RADULOVIC M, FISET M, PEEV K, et al. The influence of vanadium on fracture toughness and abrasion resistance in high chromium white cast irons [J]. Journal of Materials Science, 1994, 29: 5085-5094.
[37] LIN H, CHANG J Z. An investigation of the role of secondary carbide in martensitic steel during

three-body abrasion wear [J]. Wear, 1994, 176 (1): 103-109.

[38] 郝石坚. 铬白口铸铁及其生产技术 [M]. 北京: 冶金工业出版社, 2011: 97-98.

[39] MARATRAY F, USSEGLIO N R. Transformation characteristics of chromium and chromium moltbdenum white irons experimental procedure [M]. 1970.

[40] 陈华辉, 邢建东. 耐磨材料应用手册 [M]. 北京: 机械工业出版社, 2012: 46-47.

[41] JACUINDE A B, RAINFORTH W. The wear behaviour of high-chromium white cast irons as a function of silicon and mischmetal content [J]. Wear, 2001, 250 (1-12): 449-461.

[42] KOSASU P, INTHIDECH S, SRICHAREONCHAI P, et al. Effect of silicon on subcritical heat treatment behavior and wear resistance of 16wt% Cr cast iron with 2wt% Mo [J]. Journal of Metals, Materials and Minerals, 2012, 22 (2): 89-95.

[43] CORREA R, BEDOLLA J A, ZUNO S J, et al. Effect of boron on the sliding wear of directionally solidified high-chromium white irons [J]. Wear, 2009, 267 (1-4): 495-504.

[44] KAZDAL ZEYTIN H, YILDIRIM H, BERME B, et al. Effect of boron and heat treatment on mechanical properties of white cast iron for mining application [J]. Journal of Iron Steel Research International, 2011, 18 (11): 31-39.

[45] ÇÖL M, KOÇ F G, ÖKTEM H, et al. The role of boron content in high alloy white cast iron (Ni-Hard 4) on microstructure, mechanical properties and wear resistance [J]. Wear, 2016, 348: 158-165.

[46] ZHI X, LIU J, XING J, et al. Effect of cerium modification on microstructure and properties of hypereutectic high chromium cast iron [J]. Materials Science Engineering: A, 2014, 603: 98-103.

[47] LV Y, SUN Y, ZHAO J, et al. Effect of tungsten on microstructure and properties of high chromium cast iron [J]. Materials Design, 2012, 39: 303-308.

[48] IMURAI S, THANACHAYANONT C, PEARCE J, et al. Effects of Mo on microstructure of as-cast 28wt. %Cr-2. 6wt. %C-(0-10) wt. % Mo irons [J]. Materials characterization, 2014, 90: 99-112.

[49] FU H G, WU X J, LI X Y, et al. Effect of TiC particle additions on structure and properties of hypereutectic high chromium cast iron [J]. Journal of Materials Engineering Performance, 2009, 18: 1109-1115.

[50] LIU S, ZHOU Y, XING X, et al. Refining effect of TiC on primary M_7C_3 in hypereutectic Fe-Cr-C harden-surface welding coating: Experimental research and first-principles calculation [J]. Journal of Alloys Compounds, 2017, 691: 239-249.

[51] LIU S, WANG Z J, SHI Z J, et al. Experiments and calculations on refining mechanism of NbC on primary M_7C_3 carbide in hypereutectic Fe-Cr-C alloy [J]. Journal of Alloys and Compounds, 2017, 713: 108-118.

[52] HANLON D, RAINFORTH W, SELLARS C. The rolling/sliding wear response of conventionally processed and spray formed high chromium content cast iron at ambient and elevated temperature [J]. Wear, 1999, 225: 587-599.

[53] MARATRAY F. Trans. AFS, 1971: 121-124.

[54] KLEIN S E. Effects of alloy additions on the hardenability of 12. 5% chromium white cast irons [R]. Unpunlished Climax Molybdenum Company data, June 17, 1971.
[55] 李士燕，刘秀芝，陈长风，等. 孪晶马氏体深冷分解产物的组织结构分析 [J]. 机械工程材料，2000，24（4）：3.
[56] LIU H，WANG J，YANG H，et al. Effects of cryogenic treatment on microstructure and abrasion resistance of Cr-Mn-B high-chromium cast iron subjected to sub-critical treatment [J]. Materials Science Engineering：A，2008，478（1-2）：324-328.
[57] 陈华辉，邢建东. 耐磨材料应用手册 [M]. 北京：机械工业出版社，2012：10-12.
[58] 符寒光，邢建东. 耐磨铸件制造技术 [M]. 北京：机械工业出版社，2009：5-8.
[59] 子澍. 展望高铬铸铁的发展 [J]. 铸造技术，2008，29（10）：1417-1420.
[60] GB/T 8263—1999 抗磨白口铸铁件 [S]. 北京：中国标准出版社.
[61] GB/T 8263—2010 抗磨白口铸铁件 [S]. 北京：中国标准出版社.
[62] GB/T 229—2007 金属材料　夏比摆锤冲击试验方法 [S]. 北京：中国标准出版社.
[63] GB/T 228—2002 金属材料　室温拉伸试验方法 [S]. 北京：中国标准出版社.
[64] ASTM G 105—16 Standard Test Method For Conducting Wet Sand/Rubber Wheel Abrasion Tests [S].
[65] 周庆德，饶启昌. 铬系抗磨铸铁 [M]. 西安：西安交通大学出版社，1986：1-4.
[66] 朴东学，李卫. 铬白口铸铁及其生产工艺的研究与发展 [J]. 铸造，1991（10）：1-5.
[67] 李茂林. 破碎粉磨设备的磨损与耐磨材料的发展（续）[J]. 水泥，1996（5）：5.
[68] CHUNG R，TANG X，LI D，et al. Effects of titanium addition on microstructure and wear resistance of hypereutectic high chromium cast iron Fe-25wt. % Cr-4wt. % C [J]. Wear，2009，267（1-4）：356-361.
[69] XU X J，XING J，FU H，et al. Effect of titanium on the morphology of primary M_7C_3 carbides in hypereutectic high chromium white iron [J]. Materials Science Engineering：A，2007，457（1-2）：165-170.
[70] XU X J，XING J，FU H，et al. Effect of titanium on the morphology of primary M_7C_3 carbides in hypereutectic high chromium white iron [J]. Materials Science Engineering：A，2007，457（1-2）：180-185.
[71] ZHI X，XING J，FU H，et al. Effect of titanium on the as-cast microstructure of hypereutectic high chromium cast iron [J]. Materials characterization，2008，59（9）：1221-1226.
[72] ZHI X，XING J，FU H，et al. Effect of titanium on the as-cast microstructure of hypereutectic high chromium cast iron [J]. Materials characterization，2008，62（9）：857-860.
[73] FILIPOVIC M，KAMBEROVIC Z，KORAC M，et al. Microstructure and mechanical properties of Fe-Cr-C-Nb white cast irons [J]. Materials Design，2013，47：41-48.
[74] LIU S，ZHOU Y，XING X，et al. Refining effect of TiC on primary M_7C_3 in hypereutectic Fe-Cr-C harden-surface welding coating：Experimental research and first-principles calculation [J]. Journal of Alloys Compounds，2017，713：108-118.
[75] JIA X，HAO Q，ZUO X，et al. High hardness and toughness of white cast iron：The proposal of a novel process [J]. Materials Science Engineering：A，2014，618：96-103.

[76] TURNBULL D, VONNEGUT B. Nucleation catalysis [J]. Industrial Engineering Chemistry, 1952, 44 (6): 1292-1298.

[77] FU H G, WU X J, LI X Y, et al. Effect of TiC particle additions on structure and properties of hypereutectic high chromium cast iron [J]. Journal of Materials Engineering Performance, 2009, 18: 1109-1115.

[78] WANG J B, LIU T T, ZHOU Y F, et al. Effect of nitrogen alloying on the microstructure and abrasive impact wear resistance of Fe-Cr-C-Ti-Nb hardfacing alloy [J]. Surface & Coating Technology, 2017, 15: 1072-1080.

[79] SHVEIKIN G, TSKHAI V, MITROFANOV B. Dependence of microhardness on the parameters of the electronic structure of cubic carbides and nitrides of group Ⅳ-Ⅵ transition metals [J]. Inorg Mater, 1987, 23 (6).

[80] OHTANI H, HASEBE M, NISHIZAWA T. Calculation of the Fe-C-Nb ternary phase diagram [J]. Calphad, 1989, 13 (2): 183-204.

[81] FU H G, WU X, LI X Y, et al. Effect of TiC particle additions on structure and properties of hypereutectic high chromium cast iron [J]. Journal of Materials Engineering Performance, 2009, 18: 1109-1115.

[82] BRAMFITT B L. The effect of carbide and nitride additions on the heterogeneous nucleation behavior of liquid iron [J]. Metallurgical Transactions, 1970, 1: 1987-1995.

[83] DING H, LIU S, ZHANG H, et al. Improving impact toughness of a high chromium cast iron regarding joint additive of nitrogen and titanium [J]. Materials Design, 2016, 90: 958-968.

[84] KUSUMOTO K, SHIMIZU K, YAER X, et al. Abrasive wear characteristics of Fe-2C-5Cr-5Mo-5W-5Nb multi-component white cast iron [J]. Wear, 2017, 376: 22-29.

[85] LAI J P, PAN Q L, WANG X D, et al. Effects of Nb on the microstructure and properties of Ti-added hypereutectic high-Cr cast iron [J]. Journal of Materials Engineering and Performance, 2018, 27 (9): 4373-4381.

[86] LAIRD G, POWELL G L. Solidification and solid-state transformation mechanisms in Si alloyed high-chromium white cast irons [J]. Metallurgical Transactions A, 1993, 24: 981-988.

[87] DOĜAN Ö, HAWK J. Effect of carbide orientation on abrasion of high Cr white cast iron [J]. Wear, 1995, 189 (1-2): 136-142.

[88] LAI J P, PAN Q L, PENG H J, et al. Effects of Si on the microstructures and mechanical properties of high-chromium cast iron [J]. Journal of Materials Engineering and Performance, 2016, 25 (11): 4617-4623.

[89] SO H. The mechanism of oxidational wear [J]. Wear, 1995, 184 (2): 161-167.

[90] LAI J P, PAN Q L, SUN Y W, et al. Effect of Si content on the microstructure and wear resistance of high chromium cast iron [J]. ISIJ International, 2018, 58 (8): 1532-1537.

[91] 张卫. 热处理工艺对高硅高铬铸铁组织性能的影响 [D]. 武汉: 武汉理工大学, 2014.

[92] EFREMENKO V, SHIMIZU K, CHABAK Y. Effect of destabilizing heat treatment on solid-state phase transformation in high-chromium cast irons [J]. Metallurgical Materials Transactions A, 2013, 44: 5434-5446.

[93] BEDOLLA J A, ARIAS L, HERNÁNDEZ B. Kinetics of secondary carbides precipitation in a high-chromium white iron [J]. Journal of Materials Engineering Performance, 2003, 12: 371-382.

[94] POWELL G, LAIRD G. Structure, nucleation, growth and morphology of secondary carbides in high chromium and Cr-Ni white cast irons [J]. Journal of Materials Science, 1992, 27: 29-35.

[95] WIENGMOON A, PEARCE J, CHAIRUANGSRI T. Relationship between microstructure, hardness and corrosion resistance in 20wt. %Cr, 27wt. %Cr and 36wt. %Cr high chromium cast irons [J]. Materials Chemistry Physics, 2011, 125 (3): 739-748.

[96] IKEDA M, UMEDA T, TONG C P, et al. Effect of molybdenum addition on solidification structure, mechanical properties and wear resistivity of high chromium cast irons [J]. ISIJ international, 1992, 32 (11): 1157-1162.

[97] FULCHER J, KOSEL T, FIORE N. The effect of carbide volume fraction on the low stress abrasion resistance of high Cr-Mo white cast irons [J]. Wear, 1983, 84 (3): 313-325.

[98] GAHR K H Z, SCHOLZ W G. Fracture toughness of white cast irons [J]. JOM, 1980, 32: 38-44.

[99] GASAN H, ERTURK F. Effects of a destabilization heat treatment on the microstructure and abrasive wear behavior of high-chromium white cast iron investigated using different characterization techniques [J]. Metallurgical Materials Transactions A, 2013, 44: 4993-5005.

[100] YB/T 5338—2006 钢中残余奥氏体定量测定 X 射线衍射仪法 [S]. 北京：中国标准出版社，2006.

[101] GAO G, ZHANG H, GUI X, et al. Enhanced ductility and toughness in an ultrahigh-strength Mn-Si-Cr-C steel: The great potential of ultrafine filmy retained austenite [J]. Acta Materialia, 2014, 76: 425-433.

[102] WANG J, ZUO R, SUN Z, et al. Influence of secondary carbides precipitation and transformation on hardening behavior of a 15Cr-1Mo-1. 5V white iron [J]. Materials Characterization, 2005, 55 (3): 234-240.

[103] EFREMENKO V, CHABAK Y G, BRYKOV M. Kinetic parameters of secondary carbide precipitation in high-Cr white iron alloyed by Mn-Ni-Mo-V complex [J]. Journal of Materials Engineering Performance, 2013, 22: 1378-1385.

[104] RIVLIN V G. Int. Met. Rev., 1984, 29: 299-327.

[105] LAI J P, PAN Q L, WANG Z B, et al. Effects of destabilization temperature on the microstructure and mechanical properties of high chromium cast iron [J]. Journal of Materials Engineering and Performance, 2017, 26 (10): 4667-4675.

[106] DE MEYER M, VANDERSCHUEREN D, BC D C. The influence of the substitution of Si by Al on the properties of cold rolled C-Mn-Si TRIP steels [J]. ISIJ international, 1999, 39 (8): 813-822.

[107] PENAGOS J J, ONO F, ALBERTIN E, et al. Structure refinement effect on two and three-

body abrasion resistance of high chromium cast irons [J]. Wear, 2015, 340: 19-24.

[108] PENAGOS J J, PEREIRA J, MACHADO P, et al. Synergetic effect of niobium and molybdenum on abrasion resistance of high chromium cast irons [J]. Wear, 2017, 376: 983-992.

[109] TABRETT C, SARE I. Effect of high temperature and sub-ambient treatments on the matrix structure and abrasion resistance of a high-chromium white iron [J]. Scripta Materialia, 1998, 38 (12): 1747-1753.

[110] SUN Z, ZUO R, LI C, et al. TEM study on precipitation and transformation of secondary carbides in 16Cr-1Mo-1Cu white iron subjected to subcritical treatment [J]. Materials Characterization, 2004, 53 (5): 403-409.

[111] 王峰. ϕ12mm 螺纹钢四线切分轧制的改进 [J]. 河北冶金, 2012, 10: 3.

[112] 夏朝开, 孙建梅, 郅鹤生. 切分轧制技术在水钢小型连轧机的应用 [J]. 轧钢, 2001, 3: 27-30.

[113] 段良鹏, 赵健. 棒材轧机轧辊的材质选择分析 [J]. 河北冶金, 2005, 6: 2.

[114] 王宗斌. 莱钢特钢厂 ϕ550 轧机轧辊材质的改进 [C]//2008 年全国轧钢生产技术会议, 2008: 671-672.